林姓主婦的
家務事2

Cooking, Family & Life

U0013525

盤腿坐浮雲的
快活主婦
之道

從採買到料理的
偷吃步進攻秘技，
讓你不瞎忙
就做出超唬人的好料！

suncolor
三采文化　林姓主婦 ——— 著

對家人的愛，
是料理好吃的關鍵

出第一本書的時候，坦白說我心裡毫無壓力，想說現在網路資訊那麼發達，我垃圾話又那麼多，應該沒幾個人會認真看我的食譜吧？我只是把那本書當成一個紀念，透過食譜記錄一些家庭生活點滴。

出書後，我卻看到不可思議的迴響。

有粉絲說，我的書是她第一本看得懂、也實際跟著做的食譜。有粉絲說，過去總依賴媽媽做的料理，後來媽媽過世了，她消沉很久，但我的書讓她意識到，即便複製不出自己媽媽的味道，但她可以努力做出孩子心目中媽媽的味道。有粉絲說，照我的食譜做菜，老公覺得像娶了一個新的老婆。有粉絲說，那陣子她去市場買菜沒帶我的食譜，會心慌。看著這些故事，我有著難以言喻的感動，大家好像把我當朋友一樣信任（有嗎）。

覺得自己的菜簡單到沒什麼好教的念頭，還是不時會跑出來嚇唬我，讓我在下筆前猶豫到底要不要寫，但原來就是這些最簡單的菜，才能讓主婦們毫無負擔的做出，成為家家戶戶餐桌上的常客，而我何其榮幸，可以透過文字，將我喜歡的味道傳遞到你們舌間，即便我們素未謀面，我卻有種煮飯給大家吃的感覺。

懷抱著這樣心情，我持續記下我的家常料理，集結成第二本食譜。有些是耳熟能詳的菜色，有些是我自己發想的新口味，期待在這本食譜中，你可以同時感到熟悉與驚喜，無論如何，始終不變的是簡單，步驟常常簡短到讓人以為我沒寫完的簡單，相信你也做得出來。

另外，延續著上一本的概念，我再次透過主婦小撇步的單元，傳授一些在廚房裡能夠更得心應手的小技巧跟小工具，兩本加在一起，差不多就是新手主婦武林秘笈的概念，至少我把我覺得最基本且重要的概念都整理出來了，希望你會覺得有所幫助。

最後我想說，我不是大廚，能教的終究有限，但我總覺得，做出好吃料理的關鍵，其實握在你手中，就是你對家人的愛。看日本料理節目時，主持人問師傅秘訣是什麼，師傅很愛用一種意味深長的口吻，說「是愛啊」，以前看到他們這種回答我都翻白眼，明明就是因為有加柴魚吧怎麼會是愛，但自己當了幾年主婦下來，我真的感受到帶著對家人的愛，做出來的料理就是特別好吃，因為我們特別用心。

進廚房不是件輕鬆的事，只願你們跟我一樣，記得自己下廚的初心，記得想要透過料理照顧家人健康的愛，抱著愉悅的心情下廚，找到其中的樂趣，那就一定做得出美味的料理，一定！有時累了，也別把自己逼太緊，我們沒有要走超級主婦的路線（聳肩），不想煮就不要煮才是快樂主婦的生存之道嘿（林姓主婦貼心提醒）。

感謝我的老公、爸媽、公婆、小姑、哥哥做我最強力的後盾，是我最死忠的粉絲，一路支持我寫作出書，在我需要人支援顧兒子時義無反顧出手。更謝謝我兒子，雖然你還不明白，但媽媽能出書，其實都是因為你。

Contents

02　還是充滿台味的家常菜最對味

主婦小撇步

03　一鍋到底的美味飯

主婦小撇步

04 簡單麵打發一餐

主婦小撇步

05 沒關係拚一下，因為是好日子啊～

主婦小撇步

06 讓甜點苦手也能挺起胸膛的自信甜點

07 特別的情境就要特別的吃法

食譜分類

‧ 親子料理｜雖然本食譜書並非特別為了小孩設計，但因為林姓主婦本身育有一子，有時還是會希望做的菜能順便打發掉他。標示為親子料理的食譜，仍會調味，但口味相對清淡，且食材口感適合小孩咀嚼，一歲以上就可嘗試給予。

‧ 快速料理｜代表備料簡單且烹調時間不長的料理，從頭到尾 20 ～ 30 分鐘內可以搞定（看個人手腳快慢），趕時間的時候，可以優先參考這類食譜。

‧ 事先做好也可以 ｜代表這些菜就算前一晚先做好，冰過再回熱，也不會太影響口感，忙碌的職業婦女可以趁週末做好，平日上菜會輕鬆很多。若需要宴客，也可從中挑幾道喜歡的菜色先準備，請客當天就不會手忙腳亂。

食譜調味料計量說明

‧1 小匙 = 5ml　　　‧1 大匙 = 15ml

特別說明一下，如果是醬料，我挖起後不會刻意刮成平匙，所以會是像 A 罩杯那樣的小尖匙。然後啊，雖然我很盡力把調味料標示清楚明確，但大家買到的食材大小總跟我的不會一模一樣，不同品牌的調味料，口味也會有所差異，所以還是要依實際情況及個人喜好斟酌的調整。做菜時，時時嚐味道，調味料慢慢補，才是好吃的關鍵，食譜上的計量，都只是參考而已，相信自己的味蕾吧！

Chapter 1
翹個腳就不小心
做出咖啡店簡餐

用一道討喜的主菜，
搭配主食、簡易蔬菜或小菜，
就會變成豐富卻不複雜的簡餐料理，
一人一份、不多不少，
吃起來神清氣爽心情好。

光速上菜的日式簡餐

照 燒 豬 肉
蔬 菜 捲

| 親子共享 | 快速料理 | 事先做好也可以 |

每次出門旅行，讓我這個為人母最苦惱的就是兒子的蔬菜攝取量再度達到歷史新低，一路上反正兒子肯吃什麼就吃，有吃就好我管不了那麼多（灑脫撥瀏海）。但幾天後回到家，我就很沒用地開始焦慮，煩惱著要如何有技巧地幫他補一補。還好我有一招狠的，就是拿照燒豬肉片包住蔬菜去煎。肉向來都是讓我兒子無法抗拒的死穴，更何況這肉還甜甜的，裡面就算包蔬菜我兒子沒在怕，照樣啃下去，讓媽媽在一旁看到不禁欣慰落淚。

照燒醬大概可以榮獲最簡單醃肉法第一名，只需要醬油、清酒（或米酒）、味醂跟糖就搞定，比例非常乾脆不複雜。我使用里肌火鍋肉片，包裹蔬菜後不會過於厚實難咬。而且因為肉片很薄，醃個 5 分鐘就可以，用快速已經不足以形容，應該要說光速，光速啊！

煎蔬菜時，我隨手丟了幾顆小番茄進去鍋裡，本來只是為了配色，沒想到煎熟的番茄，甜度增加但還有些酸度，照燒肉片吃多了若覺得有些膩口，吃顆小番茄會讓味蕾瞬間達到美妙的平衡，實在是太對味的搭檔了，有機會請記得讓它們牽手出場！

RECIPE

食材 | 2 人份

+ **10 片里肌火鍋豬肉片**：用調味料醃 5～10 分鐘。
+ **適量蔬菜**：切成合適長度，以乾煎、蒸、或燙的方式弄熟備用。

> 我是使用玉米筍、蘆筍、茭白筍跟蔥（生蔥就可以，不用弄熟），其他像是金針菇、四季豆、小黃瓜等也行。可以的話記得準備小番茄。

調味料

+ **1.5 大匙醬油**
+ **1 大匙清酒或米酒**
+ **1 大匙味醂**
+ **1 大匙糖**：我是使用白砂糖。

作法 | 不含前置作業時間約 15 分鐘

以少許油熱鍋，將蔬菜用醃好的肉片包起來，入鍋煎至表層焦香，即完成。

TIPS

✓ 把肉片捲起來的銜接處先放入鍋中煎，就不會散開囉。

✓ 因為醃肉時間不長，若想要讓肉更夠味，可以趁煎的時候，像烤肉一樣，拿刷子沾醬汁塗抹在肉片上，這樣味道就一定很足夠！

✓ 要達到光速，記得先醃肉，甚至全部用玉米筍，這樣整道料理都不用動刀，會更快。利用等醃肉的時間，把蔬菜弄熟，我是直接用鍋子乾煎，煎好時，肉也差不多醃好了，捲一捲再入鍋煎個 2、3 分鐘就好，非常快。

✓ 照燒醬也可以拿來醃其他的肉，像是雞腿排，但因為雞腿排較難入味，醃的時間至少要拉長到 30 分鐘。

最神不知鬼不覺的
清冰箱料理

野 菜 豬 肉 飯

| 親子共享 | 快速料理 | 事先做好也可以 |

身為一個對於居家環境有控制狂的主婦，若家裡一不留神變得很雜亂，我會焦躁到站三七步抖腳，讓我打從心底感到美宋快。但有一個情況會讓我更美宋快，就是赫然發現冰箱裡有一堆零散的食材。

這情況其實蠻容易發生，因為有些食物天生就用一種很為難人的體積存在。像冬天的高麗菜，一顆才幾十塊能不買嗎？但它實在有夠大，剝的時候會覺得這蔬菜怎麼像女人心一樣，深不見底。另外像是紅蘿蔔，它通常不是主角，一次只用 1/3 根是很有可能的。還有洋蔥，它確實是重要的提味食材，但一顆洋蔥我一般要分 3 ～ 4 次才能用完。再怎麼說廚房是我的主戰場，冰箱就像是我的彈藥庫一樣，零散的食材對我而言，就像是彈藥庫裡面有半顆手榴彈、1/4 顆子彈跟 2/3 節機關槍，要我怎麼拿這些傢伙上場打仗啦！

有天我對著亂七八糟的冰箱生氣時，突然間想起以前很愛吃的蒙古烤肉，不就是把一堆蔬菜跟肉片炒在一起嗎？於是我把剩下的蔬菜清出來，用自己調出來的醬汁隨便亂炒一通，果然好吃到不行，根本看不出來是用快壞掉的食材所拼出來的。在它們生命的盡頭，能用如此發光發熱的方式謝幕，我真是功德無量呀！炒這一盤，有菜有肉超豐富，配點白飯一餐就搞定，無比輕鬆，請主婦們把這食譜寫進腦海裡，有天一定會用到的！

RECIPE

食材 | 2 人份

+ **10 片梅花豬肉片（我是使用火鍋肉片）**
+ 適量高麗菜：剝小片。
+ 適量紅蘿蔔：切小片。
+ **1/4 顆洋蔥：**切細段。
+ **2 根蔥：**切段。
+ **1 把豆芽菜**
+ **3 顆大蒜：**切細末（我是用壓蒜器，比較快）。

調味料

+ **2 小匙醬油**
+ **2 小匙清酒**
+ **1 小匙烏醋**
+ **1 小匙味醂**
+ **1 小匙白砂糖**
+ **適量黑胡椒**

作法 | 不含前置作業時間約 10 分鐘

① 將所有調味料置於碗中，加入蒜末混和均勻。取其中 2 大匙放入肉中，醃 10 分鐘。
② 以適量油熱鍋後，將豬肉片入鍋拌炒至熟，取出。
③ 同一鍋，補少許油，加入洋蔥、紅蘿蔔、高麗菜，拌炒至蔬菜變軟。
④ 加入蔥段、豆芽菜跟豬肉片及剩餘的調味醬料，待豆芽菜炒軟，醬汁與食材拌炒均勻，即完成。

TIPS

✓ 既然是清冰箱料理，蔬菜內容可以隨意調整，食譜中的食材多或少一些，都可以。

✓ 黑胡椒在這道料理中莫名提味，吃起來很香，記得加。可先加入調味醬汁中，或是起鍋前再灑，都可以。

✓ 把調味醬料先混好，比在爐上分別一點一點加，還要方便許多。而且因為大家想殲滅的蔬菜量不同，所需的調味料跟我的示範食譜一定不盡相同，先把調味醬料混和好，再依實際分量酌量加，就不怕一昧照著食譜做，變太鹹或太淡。

#03

放下成見相信它的美味

香菜檸檬
肉末飯

親子共享 ｜ 快速料理 ｜ 事先做好也可以

想到要做這道料理的時候，其實我很怕會被台下的觀眾噓（台下根本沒人，少在那邊），因為這道菜的重點是香菜，香菜，香菜耶！我感覺香菜好像蠻顧人怨的，我身邊不乏有一些朋友，去吃小吃時會特別交代老闆不要加香菜，如果老闆不小心忘了，他們看到香菜飄浮在碗裡，是會捧臉尖叫趕緊挑起來，甚至不惜當奧客請老闆重做的地步。

所以我就像是選了全場最醜的人擔任電影主角一樣，雖然對自己獨到的眼光頗有自信，但還是承受著不小的壓力。我個人是跟香菜沒有什麼恩怨情仇啦，它香氣是有點強烈沒錯，但對我而言不到無法忍受的地步，而且有些小吃對我而言就是要有香菜才對味啊。

好啦我知道就算我這樣說，痛恨香菜的人聽到大概也無動於衷，但其實香菜只要跟檸檬搭在一起，會出現一種非常迷人的清爽香氣，香菜不再是那個沾黏在豬血糕上面的香菜，而是帶有異國料理氣質的風味香草。覺得很難接受嗎？想想酪梨莎莎醬吧，裡面其實香菜跟檸檬就扮演很重要的提味角色喔！

在一個悶熱難耐的午後，我做了香菜檸檬肉末，還切了辣椒讓它帶著點辣，配著飯吃，真是爽口好吃極了。林姓主婦在這裡幫香菜求情，請大家網開一面給它個機會吧，它真的可以撐起全場的，特別是有檸檬加持！

RECIPE

食材 ┃ 4～5 人份

+ **300g 豬絞肉**
+ **4～5 塊豆干**：切丁（可省略）。
+ **5 株香菜**：切細段。
+ **2～3 顆大蒜**：切細末（我是用壓蒜器，比較快）。
+ **1 根辣椒**：切碎。

調味料

+ **1 大匙魚露**
+ **2 大匙醬油**
+ **2 大匙清酒或米酒**
+ **1 小匙白砂糖**
+ **適量檸檬汁**

作法 ┃ 不含前置作業時間約 15 分鐘

① 熱鍋後，不用加油，直接將絞肉放入，以中大火炒
　熟，過程中所炒出來的水分也要用大火逼乾。
② 加入豆干略作拌炒後，放入所有調味料，拌炒均勻。
③ 最後加入香菜、蒜泥、辣椒，跟肉末攪拌均勻後，即
　完成。

TIPS

∨ 若沒有魚露，可省略，但醬油要多加一點，把鹹度補上來。
∨ 檸檬的酸氣遇熱會揮發，可以在吃的時候直接酌量擠在碗裡。

沒空醃肉時的曠世奇招

蜂蜜蘋果
燒肉飯

| 親子共享 | 快速料理 | 事先做好也可以 |

我兒子是個無肉不歡的孩子，每天晚餐我一定要提供能讓他大口吃肉的料理，不然那晚他可能會吃得意興闌珊，上桌三秒就說吃飽了要下桌，讓媽媽很想對他動粗。

如果押對寶弄出他愛吃的口味，我得捏大腿忍住心中的狂喜，嘗試用一種平和且理性的態度，用肉跟他進行談判（捻鬍）。譬如說吃一口飯，再給他吃肉，有時運氣好甚至可以讓他吃幾口青菜。所以我的冰箱冷凍庫永遠有一堆肉，每天想菜色時，我就是先打開冷凍庫沉思，想著還有什麼招可以出。

這天我真是山窮水盡了，能做的口味都輪過好幾次，我兒子再不吃膩，老娘我都要膩了，調醬汁時想說不如把兒子吃剩的蘋果磨成泥加進去，啊都加了蘋果了，配點蜂蜜應該很合理吧，就順手淋了一些，再混一些醬油、大蒜什麼的，充滿蜂蜜果香的醬汁就此完成。

但因為我的靈感來得有點晚，已經沒時間醃肉，就改成用偏薄的里肌肉片，在兩面沾一些麵粉，直接入鍋煎，起鍋時再淋上醬汁，不要小看這薄薄一層麵粉，它會吸附醬汁的美味，省下許多醃肉的時間！這道鹹甜的肉料理，兒子非常滿意，我跟老公也配著高麗菜絲狂嗑著，下飯卻不死鹹，吃起來超滿足。非吃肉不可，卻又沒時間準備，極速上菜就靠這一道了！

RECIPE

食材 | 2～3 人份

◆ **10 片豬里肌或梅花肉片（薄片）**：在兩面沾滿麵粉。

醬汁 | 先於碗中調好

◆ **1/4 顆蘋果**：磨泥。
◆ **1 小節薑**：磨泥。
◆ **2～3 顆大蒜**：切細末（我是用壓蒜器，比較快）。
◆ **2 大匙醬油**
◆ **1 大匙蜂蜜**
◆ **1 大匙清酒或米酒**

其他

◆ **適量麵粉（各種麵粉都可以）**

作法 | 不含前置作業時間約 10 分鐘

① 以適量油熱鍋後，將肉片放入，煎至兩面變白。
② 將調好的醬汁淋在肉上，待醬汁被肉片吸附、差不多收乾，即完成。

TIPS

✓ 因為只需要沾上薄薄的一層麵粉，靠肉片本身的水分吸附即可，不需要先裹蛋汁或是刻意
讓肉片沾水。

05

放空也做得出來

泡菜燒肉飯

親子共享 | **快速料理** | 事先做好也可以

我想應該很多媽媽會落入跟我一樣的窘境，就是有了小孩之後，只顧小孩吃，自己吃多吃少無所謂。在家的時候還好，可以找空檔進食，但帶小孩在外面吃飯的話，全程光要把小孩成功按捺在餐桌椅上，就耗盡我所有心思啊。

一坐下就要看菜單上有哪些是兒子或許能吃的，上菜後就要忙著張羅，等兒子差不多吃飽後，他能繼續安分坐在餐椅上的時間開始倒數，我吞嚥的速度不自覺變快，最後就是草草吃一吃了事。

有天我帶小孩瞎忙到下午三點，等他午睡才發現自己午餐幾乎沒吃，跑去翻冰箱看能做點什麼。還好這泡菜燒肉飯，可以迅速做出一個人的分量，從備料到上桌不需 15 分鐘（但冰箱必須剛好有剩飯 you know），我邊吃邊看影集，得到極大的滿足，等兒子午覺醒來我才可以心平氣和的面對他。

泡菜燒肉飯之所以可以快速上菜，是因為泡菜已經有很濃厚的味道，只需要加一點烹大師調味就好。豬肉片我是用韓式烤肉醬醃，速速醃個 5 分鐘其實就很 ok，怕不夠味的話，煎的時候再補一些醬也行，總之整道菜沒有需要動腦的地方，完全放空也是做得出來，成品又非常香辣下飯，媽媽不就最需要這個嗎！（倒酒）

RECIPE

食材 | 1 人份

✦ **5～6 片梅花豬燒肉片**：以適量韓式烤肉醬醃 5～10 分鐘。

> 燒肉片是指帶有一點厚度的肉，若沒買到，也可以用一般的炒肉片取代。

✦ **1/4 顆洋蔥**：切絲。
✦ **2 根蔥**：1 根切段、1 根切成蔥花（可省略）。
✦ **適量泡菜**

調味料

✦ 適量韓式烤肉醬（**P.251** 有介紹）
✦ **1 茶匙烹大師**
✦ 適量麻油（麻油跟泡菜很搭，但若沒有麻油，使用一般的油也是可以）

作法 | 不含前置作業時間約 10 分鐘

① 以少許油熱鍋，將豬肉片煎熟後取出。
② 用筷子夾住餐巾紙，將鍋內大致擦拭乾淨。
③ 加入適量麻油，接著加入洋蔥、蔥段爆香。
④ 加入泡菜略做拌炒，覺得溫度夠熱後，加入少許水，及烹大師。
⑤ 把泡菜醬料鋪在飯上，再放上豬肉片與蔥花，即完成。

看著味噌不再感到愧疚

味噌肉末
豆腐蓋飯

| 親子共享 | 快速料理 | 事先做好也可以 |

每次買味噌回家時，我總覺得任重而道遠。

因為說真的這樣一盒，對小家庭而言實在是非常多啊，再說我們也不像日本人那樣照三餐喝味噌湯，導致我家味噌常常擺到過期，整盒用不到 1/3，天打雷劈喔。雖說如此，我又很不爭氣地覺得，主婦的冰箱無論如何還是要備著味噌，所以就很夭壽地落入才丟一盒就補貨，補了又擺到過期的無限輪迴中。

這一陣子深深覺得這樣的習慣真是太糟糕了，味噌明明是個好東西，我卻如此暴殄天物，以後不知道要下地獄吃幾桶味噌才能超生，想一想不能再這樣死腦筋，只會把味噌拿來煮湯，要多學學日本人，把味噌運用在更多料理上才行（頭綁毛巾）。

終於我做了一鍋味噌豆腐肉末，成功消耗掉兩大匙的味噌！以這般積極進取的態度，我相信現在這盒味噌有機會在過期前被我吃光光！這是個莫名其妙的勵志故事啊（才不是）。味噌肉末是日本很常見的家庭口味，很多媽媽更是會做來當常備菜，冰在冰箱，隨時要拿來拌飯或是拌麵都很方便。因為家裡剛好有板豆腐，我就順手切丁加進去，還弄了秋葵跟水煮蛋，這樣一份簡餐，做起來輕鬆，吃起來滿足，可以的話再弄份小沙拉，把蔬菜量補齊，連營養都 100 分！

RECIPE

食材 | 3～4 人份

- **300g 豬絞肉**
- **5 顆大蒜**：拍碎切細丁。
- **1 小節薑（老薑、嫩薑皆可）**：切細丁。
- **1 塊板豆腐**：切小塊（若買超市盒裝的，用量約半盒）。
- **1～2 條秋葵**：滾水燙 3 分鐘，撈起放入冰塊水中冰鎮。
- **1 顆蛋**：煮成水煮蛋（煮 7～8 分鐘）或是煎成太陽蛋。

調味料

- **2 大匙味噌（我是使用赤味噌，但白味噌也可以）**
- **2 大匙清酒（米酒也可以，但清酒比較香）**
- **1 大匙味醂**
- **1 小匙白砂糖**

其他

- **150ml 水**

作法 | 不含前置作業時間約 15 分鐘

① 以少許油熱鍋後，爆香大蒜與薑。
② 加入豬絞肉，以中大火炒至熟。
③ 加入所有調味料及水，攪拌均勻後，放入板豆腐，轉小火滾 5 分鐘即完成。
④ 將秋葵切片，跟肉醬、蛋一起放在飯上，一份簡餐就搞定！

總是用不完的白蘿蔔新吃法

味噌蘿蔔豬五花

親子共享 ｜ 快速料理 ｜ 事先做好也可以

林姓主婦下廚這些年來，跟很多食材朝夕相處，累積了深厚感情，在烹調之間，多少可以感受到它們的個性，用星座來比喻可能會讓大家更能理解。

像洋蔥，我覺得就是獅子座，剛切下去時覺得它高傲到讓人落淚，但只要用對方法，就會變成一口香甜化在嘴裡。豆腐則是雙魚座，心思細膩柔情似水，料理的時候要特別費心，才不會搞得兩敗俱傷。番茄是雙子座，口味千變萬化，生食跟熟食各有不同風味，隨著調味料的變化，可融入世界各地的料理，讓人永遠感到驚喜。

那白蘿蔔呢？我敢說它是天蠍座，因為個性慢熱卻悶騷，一開始會覺得難以攻破，但就在某個瞬間它會熊熊卸下心防，突然吸進醬汁精華，原來你所做的一切，它都放在心裡，一有機會就加倍奉還，來得濃烈。

看到這邊，不要以為林姓主婦只是在講垃圾話（別篇是，但這篇不是毫嗎），我是相當巧妙地用時下年輕人都聽得懂的星座語言，解釋白蘿蔔料理時要特別留意的重點（粉筆敲黑板）。

如果要把白蘿蔔放入一同燉煮，像是紅燒牛腩或是滷蘿蔔，千萬別被它偽裝出來的距離感給矇騙，以為要給它熬個 1 小時才夠，它從剛剛好入味到變太鹹通常只有 3 秒的時間差，好吧 3 秒我是講得有點誇張我這人就是浮誇，但確實是幾分鐘內就會發生的轉變，一定要時時去試味道，覺得 ok 了就關火甚至把白蘿蔔先取出。

同樣道理，隔夜菜重新加熱時，白蘿蔔會持續吸入醬汁，變得更入味，所以如果當餐吃不完的分量，在第一時間就可以做些基本措施，像是把白蘿蔔滷到 80% 的味道即可，也就是已經有味道了，但沒有滷到底，這樣加熱時它還有一些變鹹的空間。

這個味噌蘿蔔豬五花是我自己隨意搭配出來的家常口味，因為蘿蔔一次用不完，只好試試新的變化，還拉著同樣很難用完的味噌一起出場，搭配白飯或是烏龍麵都非常可口。味噌說起來也是口味頗重，鹹度很夠，所以以燉煮時要記得白蘿蔔的悶騷，留意時間與入味狀態，就會燉出滋味恰到好處的一鍋喔！

食材 | 4～5 人份

- **300g 梅花豬肉片**
- **1/2 顆洋蔥**：切細絲。
- **1/2 根白蘿蔔**：切小塊。
- **1 根紅蘿蔔**：切小塊。
- **2 根蔥**：切細段。
- **1 小節薑**：磨成泥。

調味料

醃肉

- **2 小匙味噌（我是使用赤味噌，但白味噌也可以）**
- **1 大匙醬油**
- **1 大匙清酒**
- **1 大匙味醂**

鍋物

- **1 大匙醬油**
- **1 大匙味噌**
- **1 大匙味醂**
- **2 大匙清酒**
- **300ml 水**

作法 | 不含前置作業時間約 30 分鐘

① 取一個碗，將薑泥及醃肉調味料混和均勻，放入梅花豬肉片醃 10 分鐘。

② 以少許油熱鍋，加入洋蔥爆香後，放入紅、白蘿蔔稍作拌炒，接著加入鍋物調味料，蓋鍋以小火燜煮 20 分鐘。

③ 等候燉煮的同時，另起一鍋，以適量油熱鍋後，將豬肉片炒至熟取出。

④ 待蘿蔔入味，將肉片放到鍋中，上方灑上蔥花，即完成。

TIPS

✔ 我是使用赤味噌喔，顏色比一般味噌深，所以如果拿偏黃的味噌，成品顏色不一樣很正常，不要自己猛加醬油把顏色弄得跟我一樣深嘿。

✔ 不同品牌，味噌的鹹度會有些差異，用量記得自行斟酌調整喔！

✔ 我的肉片是在超市買的，有些碎肉就拿去跟洋蔥一起爆香（步驟圖有照出肉末，但作法中沒有提到要放肉進去爆香，怕眼尖讀者發現所以解釋一下）（根本沒人看那麼細毫嗎）。

01

廚房常備乾貨

雖說我不是一個喜歡囤東西的人，但為了煮頓飯，什麼大大小小的東西都要特別去買也是挺麻煩的，所以依照自己家的飲食偏好，在餐櫃裡備著基本的乾貨罐頭是很重要的習慣，懶主婦不出門雖然不至於能煮天下菜，但翻翻餐櫃就能讓料理多些變化，應付一家大小也夠用了啦！

以下是我自己用完就會補的乾貨罐頭，每樣東西的使用頻率不太一樣，有些很常用，有些可能還好，但因為都很耐擺放，而且在很多料理都有機會用上，我還是會備著，有天總會用到嘛。

1　各式麵條

我們家會備好幾種麵條，中式的包括偏細的關廟麵、有點寬度的家常麵條以及麵線，大致上湯汁濃郁的我會用家常麵條、清淡的會用細麵，不過說起來也沒什麼規則啦，就是很憑感覺交替使用。

麵線在要餓不餓的時候非常管用，夏天沒食慾就弄一碗麻香麵線，冬天喝雞湯時也可以快速弄一份蒜油麵線，是麵食類的方便小吃。

自從有了兒子後，義大利麵我除了備著最基本的圓直麵（Spaghetti），也會買小孩很好用手抓來吃的筆管麵、螺旋麵，以及拿來騙小孩的特殊車車或是動物造型麵。吃中式麵食對還不會用筷子的小孩來說很有挑戰，所以像西式這種單個的造型麵就很得小孩的芳心，我每次不知道要做什麼的時候，煮一份車車義大利肉醬麵，兒子一定完食。

日式烏龍麵也是我的必備品，務必要買急凍熟麵，吃起來無敵 Q，拿來炒烏龍或是做湯麵都非常好吃。

2　蝦米

我不是特別喜歡蝦米，但不得不說很多台灣料理，就是要加蝦米才對味，我還是會囤一小包以備不時之需。

3　日式高湯包

我很少花時間熬高湯，需要時用這種像茶包一樣的高湯包，非常方便，一包兌 300 ～ 500ml 的水（依照包裝上建議），當下要用多少就煮多少。

日本茅乃舍的高湯包很有名，使用天然食材熬製而成，有出很多種口味，但台灣不好買，我是剛好遇到代購有賣才跟著買了一些，不然就要去日本玩的時候順便帶。沒買到茅乃舍，買 Costco 的和風鰹魚高湯包也可以！

4　玉米罐頭

有小孩之後玉米罐頭變成我家的常備軍，我兒子很愛甜甜的玉米，拿玉米罐頭來炒飯、做早餐或是做沙拉都可以。在我兒子很挑食的階段，有時我晚餐煮的他都不吃，還曾發生過狗急跳牆讓他吃玉米罐頭配白飯的荒唐畫面哪～

6　蔭瓜

蔭瓜是個神奇的東西，燉湯、滷肉、蒸肉、蒸魚、燒苦瓜，都可以加蔭瓜來提味，很多小吃店都是加這個當秘密武器，有機會可以試試看！

5　乾香菇

乾香菇在台灣料理實在扮演太重要的角色了，我家一定會備著一袋乾香菇，需要爆香提味時就拿幾朵來用，出場率堪稱此篇之冠，不能沒有它！

7　整粒番茄罐頭

做西式料理時，整粒番茄罐頭是非常便利的好物，因為帶有醬汁，會做出新鮮番茄熬不出來的濃稠感，囤個一、兩罐在櫥櫃裡，臨時要做義大利肉醬、番茄燉雞時特別管用，就算家裡沒有新鮮番茄也沒關係。

8　油蔥酥

油蔥酥是由紅蔥頭所低溫炸成,是台灣料理很重要的一味,滷肉燥、乾拌麵、湯麵、拌青菜都可以加。但有些油蔥酥會有油耗味,吃起來蠻欠揍的,要跟信賴的攤販或店家購買。

10　菜脯

除了做菜脯蛋,菜脯也可以拿來炒肉絲、炒飯、燉湯,我喜歡買條狀的菜脯,而不是直接切碎的,這樣才可以依料理的需要自己切成合適的形狀大小。

9　紅棗

我很喜歡紅棗的甜味,冬天燉湯時會隨意丟幾顆進去熬,湯頭會變得回甘,拿來煮甜湯也很美味。

11　枸杞

枸杞顏色很鮮豔漂亮,在做料理時可以當成畫龍點睛的點綴,更是個養生盛品,燉湯、煮絲瓜、煮甜湯都可以加。

08

比日式咖哩更有個性

番茄印度
咖哩肉末飯

| 親子共享 | 快速料理 | 事先做好也可以 |

比起口味偏甜的日式咖哩，我更喜歡吃了鼻頭會噴汗的印度咖哩，無論是配飯或是沾烤餅，辣到痛哭流涕再喝口可樂降溫，這種冰火五重天的快感是我人生所追求的味蕾享受。

通常要在餐廳才會吃到比較正統的印度咖哩，因為印度咖哩是由許多辛香料所調配而成，像是孜然、丁香、黃薑粉等等，香料間的比例差異會影響口味，是一門高深的學問，我們這種門外漢要在家自己調，不是不可能，但香料東一點西一點的準備，總是麻煩，弄出來也不見得對味，懶婦如我從未動念想要挑戰。

我相信這世間一定有一款印度咖哩粉正在等候著我，只是緣分還未到而已（深情款款），終於，在 2016 年年底，我們相遇了，因為我遇到對的媒人！

這個媒人，是我一位嫁給印度人的朋友，她推薦我上網訂購一家她老公在台灣吃過唯一覺得認可的印度咖哩粉，買到後一試真是驚為天人，完全就是在餐廳會吃到的口味，拿來煮肉末咖哩、烤肉串或是烤食蔬都美味不已，我一定要將這款神之作印度咖哩粉推薦給更多喜歡這一味的有緣人（嘴角黏上大顆媒人痣）。

RECIPE

食材 | 4～5 人份

- **300g 豬牛絞肉（豬牛絞肉約各半）**
- **20 多顆小番茄或 1 顆牛番茄**：牛番茄需切小塊。
- **1 顆洋蔥**：切細丁。
- **5 顆大蒜**：切細末（我是用壓蒜器，比較快）。

調味料

- **4 小匙咖哩粉**

作法 | 不含前置作業時間約 15 分鐘

① 以少許油熱鍋後，以小火將洋蔥炒至微焦黃。
② 加入絞肉以中大火拌炒至熟。
③ 轉小火，加入咖哩粉及大蒜末，拌炒均勻。
④ 加入番茄丁炒至醬汁流出，與肉末融合，即完成。

TIPS

✓ 上網搜尋「A ling 私房小廚」，即可找到我推薦的這位網路商家，他們目前僅能透過 email 訂購。

✓ 加了番茄，辣度會被中和掉，口味非常溫和，怕辣的人也可以嘗試看看。

✓ 示範使用的是小辣的咖哩粉。

09

臭到沒朋友的過癮料理

泰式酸辣
雞丁飯

| 親子共享 | 快速料理 | 事先做好也可以 |

我非常愛吃蒜頭，吃一根烤香腸至少要配 2 顆大蒜，我可以完全不顧形象，也不管手指會有多臭，站三七步在香腸攤旁剝蒜皮，雖然吃完嘴巴很臭，但為了享受那辛辣的過程，我願意承受被身邊的人唾棄的孤寂感。

婚前如果跟男生約，我會避免在過程中吃大蒜影響口氣，但婚後我真的是完全活出自我，不再在意旁人（也就是我先生）的眼光，想吃大蒜的時我毫無顧忌，酒足飯飽後甚至會在車上打嗝，他都邊咒罵邊以最高速開窗，讓濃郁的蒜味趕緊飄出車外。

如果你跟我一樣愛吃蒜頭，但臉皮比我薄，覺得把自己嘴巴搞太臭對旁人很失禮的話，那我必須隆重介紹這道臭到沒朋友、在家吃正好的食譜，吃飽要打幾個嗝都不用擔心危害周遭環境。

這道食譜的重點，其實是在醬汁的調配，依照比例調好後，運用方式很多，除了像我一樣做成雞丁，還可以變成像是泰式辣蝦、泰式酸辣涼拌雞絲、泰式檸檬蒸魚，甚至是拿來做成沙拉醬汁，超開胃！

RECIPE

泰 式 酸 辣 醬

材料 | 3～4 人

+ **2 根香菜**：切細末。
+ **10 多顆大蒜**：切細末。
+ **1～2 根辣椒**：切細末。

調味料

+ **3 大匙檸檬汁**
+ **3 大匙魚露**
+ **1 大匙白砂糖**

雞 丁

材料 | 3～4 人

+ **2 片去骨雞腿肉**：切小塊。

醃料 | 醃 20 分鐘

+ **1 大匙醬油**

作法 | 不含前置作業時間約 20 分鐘

① 將醬汁食材及調味料混和均勻後，備用。
② 以少許油熱鍋，加入雞丁拌炒至熟，起鍋前加入適量
泰式酸辣醬，即完成。

TIPS

✓ 醬料食材我是使用調理機的切碎盆處理，非常快。

想減肥靠這鍋高纖湯拚了

培根南瓜蔬菜湯
佐羅勒番茄法國麵包

| 親子共享 | 快速料理 | **事先做好也可以** |

通常我會拿整顆南瓜做成濃郁的南瓜濃湯，但這次冰箱只剩下一片南瓜這尷尬的量，就順勢搭配其他的食材煮了一鍋蔬菜滿滿的清湯版。雖然是清湯版，但口味可一點都不簡單，因為有用培根及洋蔥爆香，又有整鍋蔬菜所熬煮出的清甜，好喝得不得了，讓人不知不覺就吃下一大堆菜！另外搭配清爽無負擔的輕食小點「羅勒番茄法國麵包」，即便這餐沒有大魚大肉同樣讓人滿足！

培 根 南 瓜 蔬 菜 湯

食材 | 3～4 人份

✦ **1 塊南瓜**：洗淨後，連皮切成小塊。

　南瓜約兩片手掌大，多一些或少一些都無妨。

✦ **數個蘑菇**：切片。
✦ **1 根紅蘿蔔**：削皮切小塊。
✦ **1 顆洋蔥**：切小塊。
✦ **適量高麗菜**：剝小片。
✦ **1/2 片厚切培根**

　若是一般薄片培根，可使用2～3片，切小段。

調味料

✦ **適量鹽及黑胡椒**

　也可使用高湯或是高湯塊（雞湯或是牛骨高湯皆可），
　口味會更香濃。

作法 | 不含前置作業時間約 40 分鐘

① 以少許油熱鍋，加入培根爆香後，再加入洋蔥、蘑菇、紅蘿蔔拌炒，炒至洋蔥微焦黃、蘑菇出
　水即可。
② 放入南瓜及高麗菜，高麗菜可放滿整個鍋子，接著加水或高湯到鍋子約 8 分滿處。
③ 蓋鍋以小火燉煮約半小時，待蔬菜煮軟後，以適量鹽及黑胡椒（若要使用高湯塊，可於這時加
　入）調味，即完成。

RECIPE

羅 勒 番 茄 法 國 麵 包

食材 | 4～5 人份

✦ **1 顆牛番茄**：切開後用湯匙將籽挖出，切丁。
✦ **適量羅勒或九層塔**：切碎。
✦ **1～2 顆大蒜**：去皮。
✦ **法國麵包切片**：以烤箱烤至表層焦脆。

調味料

✦ 適量初榨橄欖油
✦ 適量鹽及黑胡椒

作法 | 不含前置作業時間約 10 分鐘

① 將牛番茄及羅勒（或九層塔）與初榨橄欖油混和均勻，再加入鹽及黑胡椒調味。
② 拿大蒜塗抹在烤好的法國麵包表層，再鋪上番茄羅勒醬，即完成。

TIPS

✓ 蔬菜湯的食材分量不用拘泥，隨意即可。
✓ 高麗菜煮了會大縮水，所以不要擔心，鋪滿整鍋去煮就對了，高麗菜夠多才會甜。
✓ 法國麵包一定要烤到表層焦脆，大蒜才抹得上去，如果麵包太軟，沒有足夠的摩擦力，大蒜就白抹了。這樣簡單抹過，蒜香就會很足夠，非常好吃。
✓ 鋪了番茄羅勒醬後，麵包就會漸漸吃水、變軟，影響口感，所以建議把醬另外裝在小碗，要吃的時候大家各自抹一抹大蒜，再把番茄鋪上直接吃掉。

#11

歪打正著的隨興烤肉醬

香 煎 豬 五 花
佐 生 菜

| 親子共享 | **快速料理** | 事先做好也可以 |

身為一個天天開伙的主婦，照理說對於冰箱裡的物品應該有相當精準的掌握才是，腦海中有一張無形的 Excel 庫存表，事實上我是可以驕傲撥瀏海的說大部分的情況是如此啦，我眼珠轉一轉就大概知道可以變出什麼料理，但有一類東西實在很容易逃過主婦的法眼，就是冰箱裡的調味醬料。

這些調味醬料真的很陰沉，每瓶都深藏不露地站在冰箱門邊，若要搞清楚還剩多少，非得一罐罐打來開瞧瞧才行，但這種大動作的掃蕩我一年大概只會做個兩次吧，其他時候若臨時需要用某個調味醬料，打開瓶蓋就像樂透開獎一樣，看了才知道有沒有。

我因為很愛吃炸醬麵，冰箱裡一般都會有甜麵醬，有天準備要做，但天殺的打開才發現裡面只剩薄薄的一層，根本做不成一鍋炸醬，主婦再度被逼退到牆角，臨時改變計畫，拿甜麵醬混一些永遠用不完的味噌，做成烤豬肉片的醬料吧。

這個烤肉醬因為很濃稠，不太需要花時間醃，在下鍋前把肉的兩面確實沾上醬汁，味道就會乖乖黏在肉上，甜甜鹹鹹的很下飯，用美式生菜捲起來吃也行。使用帶點油脂的豬五花，或是梅花烤肉片上，都很適合，也算是一種歪打正著啦。

RECIPE

食材 | 3～4 人份

+ 約 **15** 片豬肉燒肉片

醃料 | 先於碗中調好

+ **2 大匙甜麵醬**
+ **1 大匙味噌**
+ **1 大匙清酒或米酒**
+ **3～5 顆大蒜**：切細末（我是用壓蒜器，比較快）。

作法 | 不含前置作業時間約 10 分鐘

把肉片均勻沾上醬料，熱好煎鍋，入鍋煎至兩面微焦，
即完成。

TIPS

✓ 可自行搭配蔬菜一起食用，像是小黃瓜、番茄，或是美式生菜都可以。

清爽無比的夏威夷風味

BBQ
鳳梨烤雞

| 親子共享 | 快速料理 | 事先做好也可以 |

每到了夏天鳳梨盛產的時刻，冰箱裡經常會有鳳梨，我非常喜歡在煮飯時神來一筆，臨時把鳳梨揪來入菜，它酸甜又多汁，搭進許多肉類料理都會有如神助一般提味。

這次我本來只是想要煎雞柳條，另外再烤一些蔬菜，其實這樣一頓飯吃起來也是挺蓬派的，但煎到一半我突然覺得這樣口感似乎有點乾，畢竟雞柳條不比雞腿，油脂總是少，想著想著都覺得口乾舌燥了起來（吞嚥口水），這時多虧我有鳳梨，當場挑幾塊丟去一起煎。

成果不用多說，雞柳條一口咬下，雖覺得肉感紮實，但緊接著咬一口噴汁的鳳梨，這乾濕之間瞬間達到完美的平衡，讓人覺得清爽無比，彷彿就坐在夏威夷沙灘吹海風一樣怡然愜意。

上菜時我跟兒子說，要一口肉，一口鳳梨嘿，這樣超好吃呦，他照做一次後便秒懂，知道要聽媽媽的話，接著一手拿肉、一手拿鳳梨快速進攻，掃盤動作之快，我都差點沒得吃咧！

RECIPE

食材 | 3～4 人份

✦ **12 條雞柳條**（因為我在超市買 **2 盒**就剛好是 **12 條**，
  哇哈哈）：用以下醃料醃 2～4 小時。

✦ 適量鳳梨片：新鮮或是罐頭都可以。

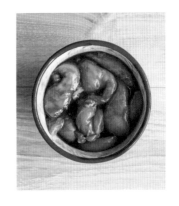

醃料 | 先於碗中調好

✦ **2 大匙醬油**

✦ **2 大匙番茄醬**

✦ **1 大匙白砂糖**

✦ **1 大匙檸檬汁**：若沒有，可用白醋取代。

作法 | 不含前置作業時間約 15 分鐘

熱鍋後，將雞柳條，以中小火煎至兩面略熟時，放入鳳
梨繼續一起煎，煎至雞柳條兩面焦香，即完成。

TIPS

✓ 我是使用牛排煎鍋煎，因為是不沾鍋材質，我沒有放油就直接入鍋煎。若使用其他材質的
  鍋具，可能需要少許油才不會沾鍋。

✓ 因為帶有醬汁，煎的時候火候要留意，不然很快就會臭揮搭。我都是比較保守，先用中小
  火慢煎，等到中心差不多熟了，若覺得表層還不夠焦香，才會把火轉大讓雞柳上色。

✓ 醃 2～4 小時，當然是會比較入味，肉質也會比較多汁，但若準備時間緊迫，醃 30 分鐘也
  是可以，可於起鍋前，將剩餘醃料淋在肉上再略煎一下，肉的味道會比較夠。

13

營養均衡的百變蛋料理

熱狗櫛瓜
馬鈴薯烘蛋

| 親子共享 | 快速料理 | 事先做好也可以 |

我兒子一歲到一歲半那段時間，挑食到一個很可怕的地步，不願意再吃食物被打碎的噴，但也不敢往前邁向一步，吃大人的食物，卡在一個尷尬的階段，我不知道他到底要吃什麼，他不知道我到底在弄什麼，我們互相猜忌，每天都跟我在餐桌上諜對諜。

那段時間，想當然爾他的營養極度不均，真是還好老天爺關上一百扇門之後，還願意開一扇窗給我，而這扇窗就是馬鈴薯烘蛋，發現我兒子喜歡吃它的時候，我多想跑去陽台大吼尖叫，釋放我的喜悅啊。

我的馬鈴薯烘蛋基本成分是 1 顆馬鈴薯、1/4 顆洋蔥、1 顆蛋、100ml 牛奶，其他的蔬菜跟肉類我都可以隨意變化，參雜在裡面，一份吃下來的營養是非常豐富且均衡的，那時我兒子只要有吃馬鈴薯烘蛋，我就可以安心睡個幾天。

馬鈴薯烘蛋除了給小孩吃，當然也很適合當做大人的輕食或是週末 Brunch，這次示範的口味是加熱狗與櫛瓜，但若想想改雞絲、甜椒、玉米、鮪魚、洋菇、火腿、培根、花椰菜都行，變化方式很多，歡迎自行排列組合嘿！

RECIPE

食材 | 2 人份

- **1 顆馬鈴薯**：切成 0.5 公分的薄片，以熱水煮約 10 分鐘，待馬鈴薯變鬆軟、但不至散開時取出，瀝乾備用。
- **1 條櫛瓜**：切薄片。
- **1/4 顆洋蔥**：切絲。
- **3 根熱狗**：切片。
- **1 顆蛋＋100ml 牛奶**：混和備用。

調味料

- **適量鹽及黑胡椒**

作法 | 不含前置作業時間約 40 分鐘

① 以適量油熱鍋，將洋蔥放入，炒至透明（此時可開始將烤箱以 200 度預熱）。
② 加入櫛瓜及熱狗，炒至櫛瓜變透明，以適量鹽及黑胡椒調味。
③ 將洋蔥及櫛瓜取出，於鍋中補上適量油。
④ 將馬鈴薯、洋蔥、櫛瓜、熱狗片輪番鋪在鍋中，接著淋上蛋汁，轉小火，待表層蛋汁已經大致凝固後，放入烤箱，把表層烤至焦黃，即完成。

TIPS

✔ 我是使用 Lodge 20 公分鑄鐵小煎鍋。
✔ 若沒有烤箱，直接用小火慢慢煮也是會全熟，但表層就會比較軟，口感不太一樣。
✔ 無論要替換成什麼食材，都要記得，加入蛋液前，料都應該是炒熟的狀態喔！
✔ 鋪料之前，油可以多放一點，比較不會沾鍋。

週末總得好好吃早餐

檸檬法國麵包·香料馬鈴薯塊
優格穀片佐自製草莓果醬

親子共享 ｜ 快速料理 ｜ 事先做好也可以

林姓主婦有一陣子總覺得身體不太對勁，經常感到暈眩，那暈眩不是太過猛烈，就像是腦中有一個很深的漩渦在轉。雖不至於讓我昏倒，但畢竟頻率不算低，還是讓我不太舒服。

後來去看醫生做了初步檢查，沒想到報告一出來，我竟是血糖過低啊！醫生還以為我在做飲食控制，我苦笑說真的沒有，是因為帶小孩，常常沒有好好吃飯吧，而且林姓主婦現在不只是個有副乳，還是個有小小副業的女人（摸臉），有時一忙更會會忘了吃飯（以上三句並沒有真的跟醫生說請放心），醫生只好叮嚀我多吃點，吃營養一點，暈眩應該就會改善。

好吧既然醫生有叮嚀，那林姓主婦只好照辦。所謂一日之計在於晨，早餐吃得好是最重要的，偏偏平日我經常要帶兒子去上活動課，早餐吃得超級隨便，只能趁週末兒子會去纏住爸爸的時候，好好做份 Brunch 給自己補充能量。

這次的 Brunch 內容，有檸檬法國土司＋香料馬鈴薯塊＋優格穀片佐自製草莓果醬＋手沖黑咖啡＋草莓檸檬氣泡水，卡司非常強，吃完我整個飽到喉嚨，完全咖啡廳陣容讓我太滿足了啊。

RECIPE

檸檬法國麵包

這就是大家一般說的法國土司，但我家剛好有法國長棍麵包，就改成用這個做，並且在牛奶蛋液中加了蜂蜜跟檸檬汁，跟一般的口味不一樣，吃起來更加清爽美味！

食材 | 1 人份

✦ **3 片法國麵包**

調味料

✦ **1 顆蛋**
✦ **100ml 牛奶**
✦ **2 小匙蜂蜜**
✦ **2 小匙檸檬汁**
✦ **少許黃檸檬皮屑（可省略）**

作法 | 不含前置作業時間約 10 分鐘

① 將上述調味料充分混和後，把法國麵包放入蛋液。
② 待麵包吸滿蛋液後，以少許油熱鍋，以小火煎至兩面焦黃，即完成。

RECIPE

香 料 馬 鈴 薯 塊

在家要做出好吃的馬鈴薯塊，不用像餐廳那樣用炸的，其實只要先用水煮過，再放入鍋中煎，很快就能煎出外層香脆、中心鬆軟的馬鈴薯塊。煎的時候我還放了帶皮大蒜一起入鍋，最後只要加入少許鹽、黑胡椒、以及迷迭香等義式香料，就會香氣十足！

食材 | 2 人份

+ **1 顆馬鈴薯**：外皮洗淨，切小塊，以熱水煮 5 分鐘，瀝乾備用。
+ **2 ～ 3 顆大蒜**：連皮洗淨，擦乾備用。

調味料

+ 少許鹽及黑胡椒
+ 適量迷迭香等義式香料

作法 | 不含前置作業時間約 15 分鐘

① 以少許油熱鍋，將馬鈴薯塊、大蒜放入，煎至表層焦黃，灑上調味料，即完成。
② 最後也可擠一些檸檬汁，增添風味。

優格穀片佐自製草莓果醬

這段重點是要教大家做草莓果醬。草莓在台灣不太好買,有時我會在 Costco 買有機冷凍草莓,隨時可以拿來做果醬,或是跟優酪乳打成 smoothie,很方便。

食材 | 1 人份

✦ **10 ～ 20 顆草莓**

調味料

✦ 適量蜂蜜或白砂糖

作法 | 果醬製作時間約 10 分鐘

① 做草莓果醬,不需要加一滴水,只要把草莓(若是冷凍,無需解凍)切小塊,放入鍋中以小火煮,10分鐘之內就會煮出一鍋香甜果醬,最後加一點蜂蜜或是糖即可。

② 做好的果醬,除了像這份早餐一樣,搭配穀片淋在原味優格上,我也會加進氣泡水,超級無敵好喝,或是當做鬆餅／麵包的沾醬。沒用完的裝在罐中冰起來,再吃個幾天沒問題。

02

讓廚房生活
更輕鬆的小幫手

在廚房要找到一片天,光靠熱情是不夠的(搖食指),還要懂得運用對的工具,才能讓自己變成事半功倍的女超人。

想要趁機好好介紹林姓主婦料理生活中的貴人,有些是幫助我煮飯更有效率,有些是讓我的廚房環境更整齊俐落不礙事,對我而言都是不可或缺的小幫手,請大家鼓掌歡迎他們出場(攤開紅地毯)。

沒有我會哭的東西

1　琺瑯調理碗

這是 Falcon 琺瑯廚具的六件組。尺寸越小的越常用,拿來醃肉、拌鬆餅糊、做煎蛋時混食材等等都很方便。大的則是在做甜點、麵疙瘩,或是做絞肉料理等需要攪拌大分量食材時出動。

2　長木湯匙

這是我多年前在南法渡蜜月時在市集買的,一直用到現在。若要拌炒比較大型的肉塊,像是紅燒牛腩、家常滷肉等,用長木湯匙會比較不費力,且不用擔心刮傷鍋具。

3 竹蒸籠

在瓜仔肉那篇（P.64）會詳述竹蒸籠在我料理人生中的重要性，這邊就不廢話了。

4 竹篩

看日本料理雜誌的話，會四處發現竹篩的蹤跡，日本主婦喜歡在上面瀝乾食物，像是把剛燙好的菠菜、四季豆晾在上頭。最初我是在無印良品買到直徑約 28 公分的竹篩，也用了好一陣子，後來有次去林豐益商行買竹蒸籠時，發現他們竟然有賣直徑 21 公分的小版竹篩，超可愛，一個才幾十塊，喜出望外趕緊買回家，拿來瀝一塊豆腐嘟嘟好。從此我的廚房有著一大一小的竹篩，什麼東西都能晾，很圓滿。

5 瀝網盤（琺瑯、不鏽鋼材質皆可）

若炸東西，起鍋時一定不能直接放到盤子上，這樣底部馬上就變得不酥脆，買過雞排就一定能懂這個道理，所以我都會先晾在這個瀝網盤上，瀝油的同時，也讓熱氣散去。

其實也不只是炸物，像鬆餅、法國土司，甚至煎魚這些會被熱氣影響口感的食物，都可以在上桌之前先把瀝網盤當中繼站，開動前再放上盤子，口感會比較好。

琺瑯盤我是買日本野田的，他們尺寸大大小小很多，也有出相對應的瀝網架，可自行添購。

不鏽鋼盤則是無印良品的，他們有出大、小兩種尺寸，我是買大的。

6 長木筷

沒有長木筷我不會炒菜，句點。

好啦還是多解釋一下，我炒菜是不用鍋鏟的，一方面我都是用不沾鍋或是鑄鐵鍋，鍋鏟容易傷到表層。再來因為我們是小家庭的分量，其實也沒那麼多東西好靠鍋鏟翻動，拿鍋鏟很有一種裝忙的感覺，動作太大還會把東西翻出鍋外。

我習慣用長木筷，翻動時對於食材的操控性很好，若是要炒肉絲，能輕鬆把肉在鍋中撥鬆，炸東西時翻轉食材更是特別方便，主婦必備。

7 節能板

這是我婆婆去逛百貨時發現的好東西，把冷凍的肉片直接放在上面，很快就可以解凍，而且不至於流失太多水分。雖然理想的情況，是前一晚先決定好菜色，從冷凍庫把肉移到冷藏，慢慢退冰，最不影響肉質，但總有令人挫屎的突發狀況，有這個節能板，臨時要退冰時真的會有種得救的感覺。節能板另一個主要用途是可以架在瓦斯爐口上，鍋子放在板子上再開火，受熱會比較均勻，且用小火即可很節能，但我比較少這樣用就是了。

8 料理夾

煎牛排、雞排、燒肉片等有點重量、厚度的食材，用料理夾翻動，會比用長木筷容易許多，是把肉煎得恰到好處的好幫手，因為在顧火候時，能快狠準輕鬆翻面很重要，你看燒肉店的店員，都是用這種夾子翻面就知道。這個料理夾也是在無印良品買的，前面是耐高溫矽膠材質，比較不用擔心刮傷鍋面。

9　鍋蓋架

我最討厭鍋蓋拿起來時不知道要擺哪的窘境，廚房檯面空間已經有限，還要騰出一個位置放鍋蓋就夠煩了，要平放鍋蓋的角度又很難順手，總是被燙到讓我動肝火。忍無可忍後我開始尋找合適的鍋蓋架，有了它，鍋蓋咻一下就放上，不但省空間，又不怕燙手。

這個鍋蓋架是請友人從日本帶回的，它不但可以放鍋架，還可以放長木筷跟湯杓，甚至可以當書架（要跟著食譜煮菜時用），造型很簡約俐落，我很喜歡。不過使用上小小的缺點是放了鍋蓋後，就不好放長木筷或湯杓了，因為前方空間會被鍋蓋擋住，所以我現在不會太貪心讓它一次做太多事，專心做其中一、兩件事就很優秀了。

10　湯杓架

我也很討厭盛湯的大湯杓用完不知道放哪，拿一個碗架上不是不行，但我覺得很佔空間、礙手礙腳，用這個湯杓架讓我覺得清爽多了，無論是在流理台上或是餐桌上都適用。這個湯杓架是無印良品的，again。

11　備用瀝碗架

我最怕洗完碗時，發現鍋碗瓢盆沒地方晾，特別是家裡有聚餐之後，碗盤量暴增，硬是一層層疊上去晾，結果到了隔天還是一堆沒乾。我這是在 IKEA 買的瀝碗架，我有兩個作為備用，多虧它們，洗完的碗都有地方晾，我這主婦在宴客完終於能一夜好眠。

12　壓蒜器

我雖然很喜歡吃大蒜，但我非常懶得切大蒜，可能因為我喜歡用的量真的很多吧，要切好花時間，哈哈哈。

壓蒜器在醃肉時實在非常方便，壓出來的蒜丁很細，能更均勻覆蓋在肉上面。炒菜時也可以直接拿壓蒜器把蒜丁擠在鍋中。

唯一要提醒的，是這樣的蒜丁，不適合在一開始放入油鍋爆香，因為它太細了很容易焦，要等菜炒到七、八分熟的時候再加，但正因為它很細，即便是在炒菜後半段才加，香氣也會在受熱瞬間釋放出來，不用擔心沒有經過爆香會有所影響。

13　量匙、量杯

對於想要跟著食譜做菜的新手，有量匙、量杯還是必要的。我是買無印良品的量匙來用，5ml 就是所謂的一小匙，15ml 就是一大匙，有這兩個尺寸的量匙就很夠了，大多食譜都是用這樣的劑量標準。

量杯我有兩種，一種是玻璃材質的，裝熱高湯也不用擔心，另一種是不鏽鋼、像個大湯匙的設計，也是在無印良品買的，隨手要測量時很方便。

14　磨泥器

有些食譜醃肉時會需要磨蒜泥、薑泥、果泥，沒有這個你說要怎麼辦啦？

15　計時器

我猜很多人跟以前的我一樣，覺得手機就有計時功能，幹嘛還特別買一個計時器。但事實上當你在廚房弄到滿手油膩、濕答答時，是不會想要去碰手機的，手機又很胎哥，煮飯煮到一半還是不要摸比較好啦。而且坦白說，你難道不會按一按就不小心開始滑手機看臉書了嗎（指）。

計時器是我近一年才買的，主要就是因為我發現我極少拿手機來計時，在那當下都覺得看時鐘自己留意時間就好了，但常常一忙就忘了。

買了計時器之後，貼在冰箱上，當需要等一段明確的時間時，像是用鬆餅機烤鬆餅、用烤箱做甜點、用鑄鐵鍋做炊飯、或是煮水煮蛋、水波蛋等等，按個計時器我就可以離開一下，放心去做點別的雜事，不用分神顧時間，這些賺來的零瑣時間讓我覺得超珍貴。

16　煎魚油網

煎魚的人應該都很討厭被油噴到吧，已經被噴得又燙又痛了，還要戰戰兢兢靠近翻面，當主婦真的很多武功需要練。

我是在大賣場無意間看到這個煎魚油網的，IKEA 或是台隆手創館都有賣，煎魚時蓋上去，就不用擔心被油噴到毀容，流理台檯面也不會油膩膩難清潔，喜歡煎魚的人務必要買。

17　鬆餅專用鍋鏟

這是特別設計讓鬆餅翻面用的，但煎蛋時也很方便，因為面積較大，翻面時比較不會把東西弄碎，我很常在用。

18 方型煎烤盤

這是我苦尋多年才找到的煎鍋,因為我每次要煎鬆餅或是法國土司時,用一般圓型不沾鍋真的很沒效率,鬆餅頂多煎個 2、3 片,土司更是只能放得下 1 片,如果我要煎 4 片土司,我真是在爐前煎到快抖腳。

曾經試著在網路上用各種關鍵字搜尋,但都沒找到理想的,直到有天去 Crate and Barrel 才遇到這個真愛!

這個大小,做法國土司或是鬆餅,可以一次弄 4 片,小家庭煎個兩輪就搞定,終於可以全家一起吃到熱的早餐了!

19 料理用剪刀

剪刀在廚房有很多派上用場的時候,像是煎雞腿排想要確認熟度,從中剪開一小段就知道,或是自己做蛋餅,放在盤子裡用剪刀剪,也比拿刀子、砧板出來切省事。或是像要炒台式米粉,需要先把米粉燙軟、剪大段比較好炒,沒剪刀的話還要拿刀子在那邊弄實在很窘。

料理用的剪刀,一定要買夠利的,前端才能剪一些很細小的東西。我這把是雙人牌的,用了好幾年都還是很鋒利,特別推薦。

20 刨絲器

我最常拿刨絲器來刨紅蘿蔔絲,做成煎蛋給兒子吃,另外像是刨小黃瓜、櫛瓜、馬鈴薯都很方便。這個不鏽鋼刨絲器是我在日本逛街時買的,搞不清楚牌子,IKEA 有很類似的款式。

不會天天用，但每次一用我就感動到想哭的東西

21　刨蔥絲器

以前在外面吃蒸魚，都想說師傅是有著怎樣的神刀工，可以把蔥絲刨那麼細，直到有天我婆婆送我一個刨蔥絲器之後，我才恍然大悟，原來就是靠它！

用這個刨蔥絲器，就可以輕鬆刨出像餐廳那樣的細蔥絲，擺在料理上看起來就是專業！

22　真空包裝機

我買真空包裝機，主要是為了有時要分裝熟食，像是我會做一鍋義大利肉醬，真空分裝冷凍起來，之後隨時可以熱來吃，有了小孩之後覺得特別方便。

23　手持攪拌棒＋切碎盆

當初是因為看到 Jamie Oliver 做濃湯時，先在鍋中把料炒熟、加高湯，再把攪拌器放進鍋裡打一打就搞定，覺得這工具實在太神奇了，馬上上網買了一組，後來在兒子吃副食品階段它簡直像神一般的存在，幫我打爛所有的食材。

最左邊是它的主機身，套上中間那根（為什麼這六個字放在一起就感到莫名情色）就可以輕鬆把食物打成泥狀，打濃湯就是用這個。

右邊的是切碎盆，像是要做瓜仔肉、珍珠丸子、高麗菜肉卷等絞肉料理，需要把配料打碎，用這個一下子就搞定，用刀切應該會切到哭出來。不過它容量不大，只能處理小分量，如果是要自己絞肉，就要考慮購入大型的食物處理機，不要為難切碎盆。

Chapter 2
還是充滿台味的
家常菜最對味

在外聚餐吃異國料理比較潮沒錯，
但家裡的餐桌上，
永遠看不膩的卻是那些最熟悉的
台味家常菜啊。

酸甜爽口的初夏醒醐味

梅香滷肉

| 親子共享 | 快速料理 | 事先做好也可以 |

中年婦女吃東西時，內心是天人交戰的。年輕時為了減肥，看到豬皮肥肉一律挑掉不吃，反正天塌下來還有內建的膠原蛋白擋著，身體瘦了依舊容光煥發。但過了中年如果還這樣挑，可是連靠食物進補的機會都沒有，身體瘦了，臉也會不小心看起來有點衰，老天真是太殘酷了。

不過這樣掙扎到一個階段，通常有天會突破盲腸，開始出現「與其瘦到看起來很衰，不如膨皮些看起來比較有福氣」的阿Q想法，對太瘦的女生不再感到欣羨，好啦其實是減肥也減不出什麼成效，就用這種正面積極的心態，勇敢活下去。

家常滷肉，就是讓中年婦女可以大口吃下膠原蛋白的方法，因為會使用帶皮的豬五花，吃下可以多少補一些回來。我一般是用蔥、蒜、醬油、米酒跟少許冰糖去滷，但這個版本我試著加茶梅進去，讓口味酸甜爽口，也拿紹興酒取代米酒，香氣多了些層次，成果真的驚人的好吃，吃了會回甘，強力推薦給膠原蛋白隨胎盤排出的產後中年婦女，讓我們靠這鍋重回年輕的容貌吧（結果只胖了肚皮）。

RECIPE

食材 ｜ 4～5 人份

- **2 條豬五花（1 條約 200g）**：切大塊（約 3cm），
  以滾水川燙備用。
- **5 根蔥**：切段。
- **5 顆大蒜**：拍碎。
- **15 顆茶梅**

調味料

- **5 大匙醬油**
- **2 大匙紹興酒**（也可用米酒取代）
- **1 小匙冰糖**

其他

- **400ml 水**

作法 ｜ 不含前置作業時間約 70 分鐘

① 以少許油熱鍋後，加入大蒜及蔥白爆香。

② 加入豬五花肉塊，及 1 小匙冰糖，拌炒均勻後，加
入 2 大匙醬油跟 2 大匙紹興酒，繼續拌炒至醬汁微
滾，讓肉上色、同時把紹興酒的酒氣稍微揮發掉。

③ 加入 400ml 水、3 大匙醬油、蔥綠跟茶梅，湯汁滾
後蓋上鍋蓋，以小火燉煮 1～2 小時，待肉軟爛入
味，即完成。

吃到會讓你哭著找媽媽

瓜仔肉

| 親子共享 | 快速料理 | 事先做好也可以 |

介紹這道食譜前，必須先跟大家介紹個好工具。

三年多前我在迪化街買了一個竹蒸籠，只因為聽老闆說可以直接架在大同電鍋上蒸覺得很酷，本來以為會有很多機會用，結果那個竹蒸籠就一直擱在我的櫥櫃，一次也沒拿出來過。

一直到我兒子進入吃噴的高峰期，我家的大同電鍋工作量達到歷史上的新高，因為要給小孩嘗試的食材很多，但每樣可能就一點點，老娘我只能不斷分批處理。

正當我為了自己的人生都拿來等大同電鍋跳起而感到惆悵時，有天突然想起那個被我塵封已久的竹蒸籠，有了它，不就是把大同電鍋變雙層巴士的概念嘛，蒸食物的效率當場加倍，讓我找回一些零碎的時間可以追劇，這對全職媽媽很重要呀！

我跟竹蒸籠在那幾個月所產生的革命情感，絕非三言兩語可以帶過，因為它真的很實用，就算內鍋放生米，再架上竹蒸籠同時蒸別的東西，也一樣外鍋 1 杯水就可以把上下都蒸熟，煮飯時若有一道菜能靠竹蒸籠處理，我在廚房廝殺的時間就少掉至少 10 分鐘。

好的終於到了要介紹今天菜色的時候了（主角在後台等到抖腳）。

這次做的是瓜仔肉，是很多人吃到會哭著打電話找媽媽的家常味，口口都是脆瓜的鹹甜，跟淡淡的蒜香，小小一塊放在碗裡，淋上一點醬汁，總讓人覺得不用其他配菜，就吃得滿足。

瓜仔肉之所以家常，是因為它最主要的味道來源就是脆瓜罐頭，只需要額外少許麻油、米酒讓味道多些層次就足夠，調味不用費心，食材也很單純。再來，它靠大同電鍋就能搞定，更深深虜獲許多忙碌媽媽的心，這次我就是下層煮米、上層用竹蒸籠蒸它，另外滾個水燙青菜，再弄塊涼拌豆腐，豐盛的三菜，事實上不花我 20 分鐘的時間，不用揮汗快炒，也能享受一桌的佳餚，這是屬於主婦的光榮時刻，你說是不是！

食材 | 4～5 人份

- ✦ **300g 豬絞肉**
- ✦ **1 罐大茂黑瓜（170g 裝）**：切細丁。
- ✦ **3 根蔥**：切細段。
- ✦ **1 小節薑**：切細末。
- ✦ **3 顆大蒜**：切細末。

調味料

- ✦ **2 大匙醬瓜汁**
- ✦ **1 大匙麻油**
- ✦ **1 小匙紹興酒或米酒**

作法 | 不含前置作業時間約 30 分鐘

將所有食材及調味料混和均勻，將肉泥放入盤中，以湯匙背面將肉泥表層抹平，放入電鍋，外鍋
1 杯水蒸到熟，即完成。

TIPS

✓ 這道菜唯一麻煩的地方，是要把蔥薑蒜及脆瓜切細丁，但因為我有切碎盆（小型食物調理機），切碎的步驟我不到 10 秒就搞定，所以這道菜對我而言，備料不需要 5 分鐘，是很快速的一道料理，若家裡有調理機請務必記得拿來用，若沒有的話，嗯，就，切一下這樣（含糊帶過）。

✓ 順便多介紹一下竹蒸籠（這篇主角根本是竹蒸籠吧）。竹蒸籠有分尺寸，都可以對應到大同電鍋，可以記好家中電鍋尺寸再去找合適的大小。

✓ 老闆說，竹蒸籠可以一路往上疊到 4 層，一樣用 1 杯水就可蒸熟，但我想那應該是辦桌的規格，家用有個 2 層的就應該超級夠用了。

✓ 放置竹蒸籠的地方務必通風，若要收進櫥櫃，也務必確認已經毫無濕氣，不然容易發霉。

✓ 上下層一起蒸，食物味道不會互相影響，至少我不覺得。是的，我再說一次，內鍋放生米，上層用竹蒸籠，外鍋一樣 1 杯水就可以把 2 層東西都煮熟，不過若上層要蒸的東西體積較龐大厚實，就需要自行斟酌蒸的水量與時間。

✓ 竹蒸籠也可以直接架到鍋子上，在鍋中放適量水以直火蒸。

✓ 我是在迪化街的林豐益商行買的（P.257 有介紹）。

讓不要不要的孩子
甘願吃飯的好法寶

糖 醋 雞 丁

| 親子共享 | 快速料理 | 事先做好也可以

有天聽到張惠妹的〈原來你什麼都不要〉，竟然有種想哭的感覺，而這眼淚是為我兒子所流下，因為它根本是兩歲多小孩的主題曲！這個階段他系統已經被預設回答「不要」，不管跟他提議什麼，我話都還沒說完，他就說不要。

一早要幫他換尿布，他說不要。跟他說去公園玩，他說不要。終於還是出門玩，時間到該回家了，他說不要。硬弄上車後總算到家，叫他下車，他說不要。這些發生完一輪，我們才過到中午而已。在無數次理智斷線後，我終於頓悟兒子的不要多半是隨口反射，他只是覺得應一下很帥而已，跟他認真就輸了。

就像有晚我做了糖醋雞丁，他完全不吃就說要下桌，我便趁他不注意時偷塞一口到他嘴裡，他本來作勢要吐出來，但馬上他嚐到那美味了，當場很沒氣勢又坐下來，接著給我吃掉半盤這沒骨氣的孩子，真是嘴巴上說不要，身體倒是挺老實。

糖醋雞丁（或是里肌、排骨）是大人小孩都會喜愛的酸甜口味，一般作法需要把肉先裹粉去炸，再炒，但其實炸非必要程序，我只是把雞丁用少許醬油醃過，再以少許油煎，接著拌入食材及調味料炒，雖然少了炸物的酥脆口感，但一樣非常下飯好吃，想要讓整天不要不要的小屁孩折服在媽媽的餐桌上，靠這道料理就對了！

RECIPE

食材 | 2～3 人份

+ **5～6 條雞里肌**：切塊，用少許醬油及白胡椒醃半小時。
+ **1/4 顆洋蔥**：切大塊。
+ **1/2 顆紅甜椒、1/2 黃甜椒**：切大塊。

若無配色考量，使用其中一種即可。

+ **2～3 顆大蒜**：切碎。

調味料 | 可事先調好備用

+ **3 大匙番茄醬**
+ **3 大匙白醋**
+ **1 大匙醬油**
+ **1 大匙白砂糖**

作法 | 不含前置作業時間約 20 分鐘

① 以少許油熱鍋後，放入雞丁以中小火煎熟，先起鍋。
② 於同一鍋爆香大蒜，接著放入洋蔥、甜椒炒至軟。
③ 將肉放回鍋中，加入所有調味料，以小火煨煮幾分鐘讓肉入味，即完成。

讓不吃辣的人也能跟著吃

八 寶 辣 醬

| 親子共享 | 快速料理 | 事先做好也可以 |

嫁給一個不擅吃辣的男子，又生了一個對辣味非常敏感的兒子，雖然表面上掌握廚房的人是我，但我在餐桌上的勝負已經見分曉，角色可說相當卑微。

我本來想說為了老公、孩子戒掉對辣的依賴，是理所當然的改變，直到有次帶兒子跟媽媽朋友在川菜館聚餐，正當我煩惱兒子能吃啥時，她點了一盤怪味雞，交代店員醬另外擺，如此一來，小孩吃原味，大人沾醬吃，皆大歡喜。

那餐吃下來覺得自己過去也太老實了，其實換個角度想，很多菜只要調整一下調味料下的順序，就可以變出辣與不辣的版本。

用這樣的邏輯，我做了八寶辣醬，它的調味主要就是靠辣豆瓣醬跟甜麵醬，我可以先下甜麵醬，炒好取出部分，再加辣豆瓣醬炒出辣的版本給自己吃。

單靠甜麵醬，這道菜也會非常好吃下飯，拌麵也可以。裡面的雞丁、毛豆、豆干、香菇、竹筍，都是我兒子很喜歡吃的食材，他根本以為這道菜就是為他而發明的，一個接著一個塞進嘴裡，都不知道媽媽另外在一旁吃著正港的八寶辣醬，感動到都快哭惹。

RECIPE

食材 | 3〜4 人份

- ✦ **3〜4 條雞柳條**：切丁。
- ✦ **3〜4 片豆干**：切丁。
- ✦ **2 朵乾香菇**：泡軟、將水擠出後切丁。
- ✦ **適量沙拉筍**：切丁。
- ✦ **1 把毛豆**：放入電鍋以 1/2 杯水蒸軟後，將豆子取出。
- ✦ **3〜4 顆栗子**：跟毛豆一起放入電鍋以 1/2 杯水蒸軟後，切丁。

調味料

雞丁醃料（醃 10 分鐘）
- ✦ **1 小匙醬油**
- ✦ **1 小匙甜麵醬**

拌炒調味料
- ✦ **1 大匙甜麵醬**
- ✦ **1 小匙辣豆瓣醬**

作法 | 不含前置作業時間約 15 分鐘

① 以少許油熱鍋，加入醃好的雞丁，拌炒至表層熟後，先取出。
② 同一鍋，加入香菇及豆干，炒至香菇香氣出來，豆干表層帶點金黃。
③ 加入其餘食材，拌炒 1~2 分鐘後，將雞肉倒回鍋中，放入 1 大匙甜麵醬及辣豆瓣醬，將調味料與食材充分拌勻後，即完成。

TIPS

✓ 若是要給小朋友吃，可先下甜麵醬，拌炒均勻時先起鍋部分，再把辣豆瓣醬加入。

✓ 八寶辣醬的食材有很多變化方式，除了豆干、毛豆我覺得是關鍵不能省之外，其他都可以自行調整，像是把雞丁改成豬肉丁、蝦仁，或是加入紅蘿蔔丁讓配色更好看、拿花生取代栗子，都可以，只要留意大小盡量一致，且食材間比例不要落差太大即可。

炒肉絲百變新吃法

醃蘿蔔炒肉片

親子共享 | **快速料理** | 事先做好也可以

林姓主婦人生第一本食譜書的第一篇,就是獻給蔥爆肉絲,並且附上十種口味的炒肉絲作法,如此海派大放送,為了就是讓新手主婦知道,這是一道投資報酬率極高的料理,學會就能自行做出許多變化。

如此毫無保留、全盤托出之後,我本來以為自己已被掏空,反正能教的都教了,我就在炒肉絲界慢慢淡出,把這個舞台(炒肉絲舞台聽起來也太遜,到底誰要上去啦)留給後起之秀發揮就好,沒想到寫到第二本食譜,才發現我還是有點戀棧,我還要繼續炒肉絲啦(死抓著鍋鏟不肯放)。

這次炒肉絲的口味有點不一樣,我是買台灣的醃蘿蔔,酸酸辣辣的,切片配一些蒜苗去炒,起鍋前還嗆一些白醋進去,讓酸氣更重,吃起來非常夠味,讓人忍不住猛扒飯,晚餐吃那麼多雖然很罪惡,但辛苦一天,不大口吃飯怎麼對得起自己,我看再去開杯啤酒吧!

RECIPE

食材 | 2～3 人份

- **250g 梅花豬肉片**：用 1 大匙醬油及適量太白粉醃 10 分鐘。
- 適量醃蘿蔔：切片。
- **2～3 根蒜苗**：以斜刀切細段。
- **1 根辣椒**：切細段。

調味料

- **1 小匙醬油**（醃料分量外）
- **1 大匙白醋**（若喜歡吃酸，可以多加一些）
- **1 大匙米酒**

作法 | 不含前置作業時間約 10 分鐘

① 以適量油熱鍋後，加入肉片炒至表層熟。
② 加入蒜苗片、醃蘿蔔片及辣椒，拌炒至蒜苗變軟後，加入所有調味料，再拌炒約 1 分鐘，將醬料與食材拌炒均勻，即完成。

有這盤沒扒三碗飯算你厲害

台式泡菜炒豬五花

| 親子共享 | **快速料理** | 事先做好也可以 |

夜市雖然胎哥,卻是許多台灣人心中的寶地,偶爾就是要去那裡放縱一下口慾,但有了孩子上夜市當然變成不可能的任務,一方面人太多的地方對小孩過度刺激,回家可能要去收驚,再來小孩那雙小賤手最愛東摸西摸,摸了又想吃手或是拿東西吃,是想逼媽媽們拿一加崙酒精去夜市噴膩。

不過我兒子現在大了,媽媽我緊繃的神經早已放鬆 80%,終於有次趁小旅行時,帶兒子去夜市遛達了一下,在這個難得的機會下,我與我在夜市的老相好炸臭豆腐總算是重逢了。一口咬下炸得金黃酥脆的臭豆腐,配著酸甜清脆的台式泡菜,我的老天這真是台灣人的驕傲,怎麼會臭得那麼美味呢我的老相好(逗弄臭豆腐的下巴)。

這次吃的時候,突然間我有一個領悟,就是對於臭豆腐而言,台式泡菜根本就是地表最強綠葉啊,大家表面上是衝著臭豆腐而來,但老闆如果說泡菜沒了,大家應該馬上轉身走吧,臭豆腐在午夜夢迴時,會不會很氣泡菜搶走它的光芒,但又覺得沒有它不行,好糾葛啊!其實我不敢跟臭豆腐說,就是我後來還特別買了台式泡菜回家炒肉片!充滿蒜香跟白醋酸氣的泡菜,跟爆香過後的五花肉片搭在一起吃,為它扒個三碗飯都不為過,這跟韓式泡菜炒肉是完全不同境界的爽度啊!沒吃過的話一定要試試。

RECIPE

食材 | 3～4 人份

- 約 **200g** 豬五花肉片：以少許醬油醃 10 分鐘。
- **1** 碗台式泡菜
- **1** 條辣椒：切小段。

調味料

- 適量香油
- 1 小匙醬油
- 3 大匙泡菜水

作法 | 不含前置作業時間約 10 分鐘

① 以香油熱鍋之後，再加入豬五花肉片，炒至表層變金黃。

② 加入泡菜、辣椒、3 大匙泡菜水、1 小匙醬油，翻炒讓食材與醬汁混和均勻，即完成。

TIPS

✓ 我買到的台式泡菜酸度很夠，也有足夠的泡菜水讓我下鍋炒，若你買到的泡菜比較不酸，或是水分不夠，可以在起鍋前額外加一些白醋進去，增添酸度。

✓ 白醋的酸遇熱會慢慢揮發，所以不需要過度拌炒，不然吃的時候會覺得怎麼不酸了。

✓ 台式泡菜很酸甜，我特別買油脂偏多的豬五花肉片做搭配，吃起來非常涮嘴不膩口，但當然，使用其他部位的豬肉片，甚至是牛肉或是雞肉片，都是可以的。

✓ 用香油爆香會增加香氣，若家中沒有香油倒也不用特別去買，使用一般的食用油即可。

[#]**07**

廚房新手燉肉首選
蔥 燒 豬 小 排

| 親子共享 | 快速料理 | 事先做好也可以 |

很多出嫁的女人，會不時回娘家當「女兒賊」，把家裡的好東西鏘點走，才覺得過癮。但我婚後很少女兒賊上身，回娘家時手腳都很乾淨（正氣凜然），反倒是去婆家時，我會跟婆婆 A 很多新鮮食材，可謂名符其實的「媳婦賊」。

我婆婆的食材都是她在市場精挑細選的極品，特別是肉類，是在超市買不到的等級，而且這些好料買起來有夠貴（我真不要臉），這幾年我拿得越來越順手，婆婆現在都直接打開冰箱，跟我說這期有哪些新貨，讓我自行挑選。

婆婆用料多砸重本，看這個排骨就知道，本來她是要給我煮湯用的耶，但我發現這排骨的肉也太多了吧，我買來燉湯的排骨幾乎都只有骨頭，因為我濟生啊！實在覺得這拿來煮湯有點可惜，趕緊懸崖勒馬，把它拿來做蔥燒豬小排吧。

蔥燒豬小排鹹甜下飯，我們全家一吃便愛上。我覺得它在所有燉滷肉類中，是最簡單的，因為醬汁在醃肉階段就會依比例調配好，對於沒有什麼經驗的人來說，步驟跟味道都非常好掌握，成功率極高，務必嘗試！

RECIPE

食材 │ 3～4 人份

- ✦ **1 斤豬小排**：洗淨擦乾備用。
- ✦ **8～10 根蔥**：切段。
- ✦ **3～4 顆大蒜**：拍碎。

調味料

- ✦ **3 大匙醬油**
- ✦ **1 大匙紹興酒**
- ✦ **1 小匙白砂糖**

其他

- ✦ **200ml 水**

作法 │ 不含前置作業時間約 70 分鐘

① 豬小排洗淨擦乾後，用調味料醃製 2 小時。
② 以適量油熱鍋後，將豬小排放入，煎至表層金黃。
③ 把蔥白跟大蒜放入鍋中爆香，接著倒入剩餘醬汁、
　 200ml 水及蔥綠，蓋鍋以小火燉約 1 小時，待豬肉
　 軟爛，即完成。

TIPS

✓ 很多人一定會問，不用紹興酒可以嗎？我只能說在這道料理，紹興酒是蠻關鍵的一個香
　氣，少了不會不能吃，但一定會少一味。紹興酒真的很好用啦，可以的話去買一瓶，真的
　還不想買，就用米酒取代囉。

03

常 備 調 味 料

每個人廚房的調味料，若把那些一時興起而買、實際上卻很少用的撇開不談（當場少掉至少 1/3 吧別否認，因為我就是這樣），其實說來說去也就是那幾樣，常備這些調味料，只要不是太異國風味的料理，絕大多數都可以被做出來。

我把我的常備調味料，依口味分類做個介紹，並且簡單說明它們的使用時機，讓大家可以根據自己的口味喜好判斷是否需要購買。

Seasoning

油

大家都知道炒東西要放油，把這當成一個必要步驟，不太會用調味料的角度來看待油。事實上，油有分非常多種類，各種食用油所呈現的香氣也不同，對成品是有一定的影響的，所以在料理時，選擇用哪種油，也就像是在選調味料一樣，幫自己的菜定調。

以下是我家常備的油。

1　橄欖油

我會備著適合拌炒的純橄欖油以及適合涼拌、做沙拉的初榨特級橄欖油。

做西式料理，必須要用橄欖油味道才對，不過因為它味道很溫和，跟各種食材都能搭，不管做哪國料理，我基本上都是用橄欖油來拌炒。

購買時要仔細看包裝上的說明，有些橄欖油不適合拿來熱炒，像初榨特級橄欖油就不耐高溫，若硬用，會破壞其營養價值，吃進肚子裡並不好。

2　麻油／香油

它們都是芝麻油，但一般說的麻油，是黑芝麻所製成，有人會直接稱之為黑麻油，質地比較濃郁、香氣重，香油則是白芝麻所製，口味比較清淡、清香。

麻油最常見的就是用在三杯雞、麻油雞、香菇油飯等，我很喜歡麻油的味道，所以有時炒東西時會隨意改用麻油，也會把麻油加進醃料裡醃肉，覺得想要來點不一樣的風味時，不妨隨手試試。

香油比較普遍的用法是用在涼拌料理，或是淋在麵食、沾醬裡面提味。也有不少人喜歡拿香油炒東西，讓食物有點淡淡的麻香這樣。

3　玄米油

玄米油也是很適合拌炒各種食材的食用油，油質很穩定，沒有什麼特別的味道，我有時看到也會隨手買回家，跟純橄欖油交替使用。

4　芥花油

我不是很常炸東西，但若要炸，以前是習慣用葵花油，但在我請教一群擅長料理的朋友後，才知道芥花油是更合適的選擇，具有發煙點高、穩定度高、飽和度高三個主要特性，之後就改用芥花油了。

鹹味

鹹味是料理時最基本且最重要
的一個風味，可說是決定成敗
的關鍵，所以找到自己喜歡的
品牌跟口味、懂得拿捏下手輕
重非常重要，不然你的料理會
經常在淡而無味或死鹹這天秤
的兩端遊走，讓你煮到起肖。

以下是我慣用的調味料跟品牌。

1 鹽巴

若喜歡清淡口味，很多新鮮食材靠鹽巴簡單調味就夠了，這樣才能品嚐到食物最原始
的滋味。我習慣用台鹽的健康減鈉鹽以及 Costco 的研磨鹽罐。台鹽因為裡面就有附一
個小湯匙，煮菜時很方便，像炒青菜我就會固定加 1/2 或 1/3 匙，自己做過幾次就會抓
到適中的用量。Costco 的研磨鹽罐裡面是粗海鹽，轉動時才會現磨一些掉下來，有些
料理不需拌炒，像是醃雞腿排、牛排、豬排、煎鮭魚或是烤食蔬，調味時用研磨鹽罐
才能灑得均勻，否則灑了 1 小匙下去還要盡量抹勻，有點麻煩，而且沒抹開的話，吃
到那一撮鹽的人多倒楣你說是不是。

2 醬油

醬油對我而言是最重要的調味料，我抗拒不了醍醐味。我近幾年習慣用屏科大的薄鹽
醬油。過去它們產量不多，不算好買，還好現在很多通路都買得到了。雖然是薄鹽，
但味道很濃郁卻不死鹹，拿來滷肉都沒問題。

3 醬油膏

因為常常跟屏科大醬油做組合販售，我也就習慣連醬油膏都買它們的。醬油膏的口味偏甜，有些料理用醬油膏，口味會比較有層次，像是炒桂竹筍、黑胡椒牛柳、紅燒豆腐等。

4 鹽麴

這我上一本書有介紹過，它是由米麴跟鹽巴混和發酵、熟成的日本傳統調味料，因為口味溫順，近年廣受歡迎，把它看成比較不死鹹、帶有類似味噌的發酵香味的鹽就對了，可以取代鹽來使用。

Seasoning

甜味

有人可能會說自己並不喜歡吃甜甜的口味，鹹就是鹹，不覺得廚房需要備著糖，其實好吃的料理，很多時候都有偷加一點甜去調和鹹，那甜味不見得會重到讓你一吃就感受到，但若沒加，你吃了可能會覺得少一味。所以懂得運用甜，是讓食物更順口的訣竅，主婦務必偷偷放進錦囊。

1 冰糖

所有的媽媽都知道，燉滷東西，像是三層肉、滷肉燥、滷豬腿、滷雞腿等要好吃，必須要加冰糖提味，不單是讓鹹味變溫和，更會幫助肉質更油亮上色，讓人光看著就想扒三碗飯，其他的糖都無法取代，別亂加（因為別的糖甜味太鮮明，會有點膩嘴）。

2 白砂糖

白砂糖蠻常用在料理中的。

跟醬油混在一起,就會變成所謂的鹹甜,像我第一本食譜中的蔥燒豆腐,主要就是用醬油加白砂糖,炒肉絲料理時,有時我興致一來會灑 1 小匙糖,吃起來就是比較好吃。若做菜時才發現醬油膏沒了,可用醬油兌一些白砂糖,去調出醬油膏的鹹甜口味。

白砂糖跟白醋或黑醋、番茄醬混,則會變酸甜,若要做糖醋系列,就是靠這幾樣東西去搭。

3 蜂蜜

我特別愛用蜂蜜來當做甜味來源,因為蜂蜜的甜比較不會膩,而且有一股額外的香氣,醃肉、滷肉、做日式玉子燒時都可以加一點。

酸味

在調味裡加一些酸味,除了提味,更能解膩。因為酸味頗有個性,通常會用在擺明就是要吃酸的特定料理,像是醋溜土豆絲、薑絲大腸等,但也有不少料理加酸味會有畫龍點睛的效果,這點從很多台灣小吃都會在桌邊放烏醋供客人自行添加就看得出來。

烹調時要注意,酸氣遇熱會變淡,所以要在起鍋前加,或是吃之前直接加進碗盤裡,才能吃到該有的味道。

1 黑醋

我只用工研烏醋,從小吃到大很熟悉的味道。烏醋有一股很獨特的香味,在很多時刻是會默默派上用場的稱職綠葉。我特別喜歡拿烏醋跟醬油混和做成沾醬,像是蒜泥白肉、水餃、蘿蔔糕。另外像是炒日式烏龍、炒台式米粉、大滷麵時也會加烏醋提味。

2 白醋

我只買工研白醋。白醋的酸氣比烏醋明顯許多,很多開胃涼拌菜,像是小黃瓜、蓮藕片、海帶絲等,都是用白醋才夠味,且不會讓食材染色,從口味到視覺都一樣清爽。

3 檸檬

檸檬是新鮮食材不是調味料,但因為它是我最喜歡的酸味必須要提一下。檸檬的酸氣比較純粹、清香些,不像烏醋或白醋因為是釀造出來的,嚐起來多少比檸檬複雜。檸檬在我的廚房是非常關鍵的提味好物,特別是做西式料理時,像是肉類(牛排、豬排、雞排、鮭魚排皆可)、海鮮(蝦子、花枝、透抽、蛤蠣等)、炒義大利麵甚至烤蔬菜,都可以擠一些檸檬汁增添風味,我的冰箱一定會放幾顆檸檬,想到時就擠一下。

Seasoning
辣味

吃辣是我人生中很重要的一個努力目標(嗯?),絕大多數時候我喜歡靠生辣椒調味,像是炒肉絲或是三杯雞時,我就直接切 1 條辣椒去拌炒。辣椒我會買兩種,隨時冷凍在冰箱裡,分別是會辣的朝天小辣椒,跟主要用來配色、吃起來不太會辣的大辣椒。

這篇主要是介紹調味料,以下是料理時常用的辣味調味料。

1 辣豆瓣醬

辣豆瓣醬太重要了，它不是特別辣，但會鹹也會香，效果十足，很多帶有辣味的料理，都必須要加辣豆瓣醬，像是麻婆豆腐、魚香肉醬、八寶辣醬就是靠這個。

就算不特別強調辣的料理，在爆香肉的階段，也會加辣豆瓣醬提味，像是我第一本食譜所介紹的家常牛肉麵、番茄紅燒牛肉等都有使用。

2 胡椒

胡椒不是真的很辣，但很香又不會太過招搖，可以很隨意依個人口味添加。白胡椒的辣味比較明顯一些，黑胡椒的香氣則更為強烈。

它們各有使用時機，若想知道區分方式，可大致理解為：中式料理習慣用白胡椒，西式料理習慣用黑胡椒；白肉較常用白胡椒，紅肉較常用黑胡椒。

但就如前面所說，因為它味道不會太重，所以灑之前倒也不用為了用哪種而焦慮到咬指甲，多嘗試、多體會，慢慢就會找出自己喜歡的模式。

3 花椒粉

花椒粉吃起來除了辣，還會麻，這是它獨一無二的地方，若喜歡這種辣感，可以買一瓶花椒粉備著，想讓嘴唇腫、吃到喊阿茲阿茲煽舌頭的時候，像是讓麻婆豆腐的辣味升級，就狂灑花椒粉吧。

4 辣油

我比較常買日本的辣油，不知道為什麼它們好愛出各式各樣的辣油，選擇好多喔，吃任何東西覺得不夠味就淋一些，香辣的感覺當場就出來了。

Seasoning
特殊風味調味料

1 沙茶醬

台灣應該沒有人不愛沙茶醬吧,若真要嫌,就是它真的有點油,吃的時候要配沙士(這不是重點!)。

沙茶醬可以用來炒肉、炒麵,或是當做沾醬。再不會煮飯,加一點沙茶醬就會達到掩飾太平的假象,讓人還是毫無防備吃了一大盆。

2 甜麵醬

我最常拿甜麵醬跟豆瓣醬一起做成炸醬麵,甜麵醬還有很多其他使用時機,像是做八寶辣醬、回鍋肉、醬爆雞丁都是加它。

3 番茄醬

我做番茄炒蛋、糖醋雞丁、羅宋湯、義大利肉醬,都會加一點番茄醬,讓口味變得酸酸甜甜、更濃郁,特別是家裡有小孩的,炒飯時加一些番茄醬,他們就很愛。

4 味噌

味噌就是一個讓主婦既期待又怕受傷害的東西，主要是因為它很容易用不完，但除了煮味噌湯，它也可以被用在很多料理上，像是我這本食譜所介紹的味噌肉末、味噌蘿蔔豬五花、香煎豬五花都有加味噌，有機會就多運用。

還有，不用太在意味噌包裝盒上的保存期限，它沒有所謂過期的問題，是可以長久保存的，若表層有點變硬、乾掉，可以挖掉再繼續使用，或是冷凍保存。即便冷凍狀態也可直接挖取，不會結塊。

料 理 酒

沒在煮飯的人，大概不知道大部分的料理都會加酒，只是量不多、且酒氣在拌炒或燉煮的過程中會逐漸散去，吃的人不會特別感覺有放酒。

加酒最主要的目的，是為了去腥，肉類（雞肉、豬肉，以及內臟的腥味較為明顯，特別需要用）、魚類（蒸魚必加）或是海鮮（蝦子、殼類、花枝等）都會用上一些。

除了去腥，藉由酒本身的香氣增添食物風味，也是很常見的料理手法，所以該用什麼酒，最明顯的判斷依據，就是看你煮的是哪國料理。台式料理最常見的莫過於米酒跟紹興酒，日本料理則愛用清酒跟味醂，西式料理就是白酒跟紅酒。

我較少煮西餐，跟老公也不太會喝酒，所以白酒跟紅酒我不會常備著，在這就不特別介紹。但提醒一下，若做特定料理需要的話，記得買便宜的就好，煮一煮酒氣都散了，且主要還是靠食材的味道去堆疊，用什麼酒都不會太影響風味，不要特別為了一道菜砸錢買近千元的紅酒，沒有人會因此吃到哭出來，除了你自己（因為心痛）。

1 米酒與紹興酒

中式料理用這兩種酒皆可，它們之間最主要的差異在於香氣。揮發過後，米酒所殘留的香氣較為溫和，甚至有點讓人吃不出來（麻油雞、燒酒雞那種加一整瓶的不算嘿），紹興的香氣仍會蠻明顯。

有些料理若用紹興酒，會有意外的提味效果，所以對我而言，加米酒是打安全牌，加紹興則是驚喜牌，若喜歡紹興酒的味道，可以找機會多加運用，像是拿來燉雞湯、滷肉、炒肉絲、燒魚，都很棒，玩幾次就會知道怎麼搭配最對味。

2 清酒與味醂

喜歡做日式料理的話，一定要備著清酒與味醂，它們出場的頻率高到讓人無法忽視。

清酒在意義上跟米酒很像，它同樣也是屬於口味比較溫和、跟大多料理都能和平共處的料理酒，功用也一樣，所以若真的沒有清酒，使用米酒也是可以。但清酒有股非常迷人的香氣，那是米酒硬學不來的（人家其實也沒有要學啦），非要形容的話，清酒有點微妙的酸氣，不是會影響菜色的酸，就是很微妙啦我也不知道還能怎麼形容（剛猛翻《辭海》還是詞窮），做日本料理用它，才會對味。

日本人很愛喝清酒，它的等級自然有許多差別，若去超市買品嚐用的清酒來做菜，隨便燉個肉就花了兩、三百，你肯定會揪心肝到忍不住偷拿米酒充場面。其實不需要買到很昂貴的清酒，我是在 Costco 買的料理清酒，2 公升裝才 499 元，狂煮一整年都用不完，非常超值。

味醂對許多台灣人而言比較陌生，它是所謂的甜味米酒，質地比清酒濃稠許多。日本料理很常出現帶甜的口味，像是照燒、壽喜燒，就需要加味醂來增添甜味，同時讓鹹味變溫和些。進口超市賣的味醂，有分味醂風味料理酒跟本味醂，記得要買後者，才是正港味醂。

涮嘴又下飯的神奇組合

番茄
剝皮辣椒雞

| 親子共享 | 快速料理 | 事先做好也可以 |

林姓主婦說起來花錢是很憑感覺的人，字典裡沒有理財兩個字，但我哥卻跟我正好相反，多年來都過著精打細算的老僧生活。

有時聽說誰誰誰的哥哥買了什麼東西給妹妹，這故事在我的世界簡直天方夜譚，但我哥這幾年可能老了點，長了些智慧，對我竟然有越來越大方的趨勢，去花東旅遊會主動打電話問說要不要幫我買池上米，我雖然喜出望外，但還是忍住了想要趁機削他一筆的念頭，跟他說池上米我覺得還好，很容易買，不用刻意從花東一路扛來給我。但我哥似乎送我伴手禮的心意已決，不死心的問說那要不要剝皮辣椒，這對嗜辣的我就有點吸引力了，馬上跟他說那就帶兩罐給我好了。

剝皮辣椒通常我會直接當小菜配著吃，但全家就我一人能吃也未免太孤單，有天就決定拿來做成燉雞好了。為了要讓老公也能接受，我加了番茄去消滅一些辣度，沒想到成果竟然帶有一點甜味，辣度所剩無幾，連我兒子都欣然地吃了好多口肉，涮嘴又下飯，非常神奇！剝皮辣椒原來是燉雞提味的好幫手呀！

RECIPE

食材 | 2～3 人份

- ✦ **8 支雞翅棒棒腿**
- ✦ **1 顆牛番茄**：切塊。
- ✦ **10 根剝皮辣椒**
- ✦ **3 片薑**
- ✦ **2 根蔥**：切段。

調味料

- ✦ **3 大匙醬油膏**
- ✦ **2 大匙米酒**
- ✦ **2 大匙剝皮辣椒水**

其他

- ✦ **200ml 水**

作法 | 不含前置作業時間約 30 分鐘

① 以適量油熱鍋後，將雞翅棒棒腿放入，以中火煎至表層焦黃（裡面沒熟沒關係），接著放入 2 大匙醬油膏略煎一下，讓雞肉上色即可取出。

② 同一鍋，爆香蔥白及薑片後，加入番茄炒至略軟。

③ 加入 200ml 水、1 大匙醬油膏、2 大匙米酒、2 大匙剝皮辣椒水及蔥綠，並將雞腿放回鍋中，以小火燉煮 20 分鐘，即完成。

TIPS

✓ 醬油膏口味偏甜，若是使用醬油，可以自行添加一點冰糖。

[#]**09**

這樣做絕對不失敗

玉米雞汁蒸蛋

| 親子共享 | 快速料理 | 事先做好也可以 |

電鍋蒸蛋感覺是主婦必備的技能,但其實其中很多秘密我摸不透,我在家挑戰過好幾次都失敗(大哭跑走)!

首先,要加多少水進蛋液裡,是關鍵。加太多,吃起來毫無口感;加太少,蛋變得太紮實不夠滑嫩,也不行。阿基師教過一個被許多人讚許的方法,就是打完蛋,把蛋殼留著裝水,一顆蛋兌四次水,但我打的蛋常常蛋殼碎得亂七八糟,這招對我而言不是很管用。

再來,該如何蒸出表面如林志玲肌膚般,無坑疤、細緻滑嫩的蛋,也有很多小地方要注意,且眾說紛紜,蒸蛋該如何調味也始終困擾著我。反正我每次想要好好查食譜破關,看越多卻越拿不定主意,覺得蒸蛋實在太難了我此生估計無法駕馭。

終於有天我突然融會貫通,既然蛋殼不能量,那我就抓好固定比例兌水。既然抓不準調味劑量,那就拿原味雞湯取代水,因為雞湯已經非常濃郁,只需要加一咪咪鹽提味,就很好吃。另外掌握好幾個小技巧,輕輕鬆鬆就能做出可以出國比賽的蒸蛋,我總算學會了!

RECIPE

食材 | 2～3 人份

+ **3 顆雞蛋**
+ **300ml 原味雞湯**（常溫或是微溫狀態皆可）
+ **適量玉米粒**

調味料

+ **1/4 茶匙鹽**

作法 | 不含前置作業時間約 20 分鐘

① 把雞蛋、雞湯、鹽打散成蛋液後，以網篩過篩，濾掉泡沫及黏液。

② 先倒 3/4 蛋液進容器中，放入大同電鍋，下方記得用蒸架架高，幫助熱氣循環。外鍋放 1 杯水，並且拿餐巾紙摺成小方塊墊在鍋蓋下方，讓鍋蓋留個細縫後，按下開關開始蒸。

③ 蒸 10 分鐘後，蛋汁已大致凝固，此時可將剩餘的 1/4 蛋液混入適量玉米粒，倒在蒸蛋上方，蓋上鍋蓋繼續蒸至電鍋跳起，即完成。

TIPS

✓ 先蒸 10 分鐘才將混了玉米粒的蛋液加入，是為了讓玉米粒能浮在表層，一下就挖到。但若不介意玉米粒都沉在底下，可直接把玉米粒放在容器中，倒入過篩的蛋液，外鍋以 1 杯水蒸，不用分兩次處理。

✓ 墊餐巾紙在鍋蓋下方，是讓蛋的表面變光滑的秘訣。用這個方法，就不需要在碗上蓋盤子。兩個方法擇一即可。

✓ 原味雞湯我是在有機商店買的（使用的品牌是：KAWA 巧活心頭暖原味雞高湯），1 盒 2 包各 500ml，非常香濃好喝，一點怪味也沒有，我有時會買來囤著，除了這次蒸蛋有使用外，也會拿來做雞湯麵的湯底。也可用任何口味的高湯取代，像是昆布鰹魚高湯。

✓ 可自己增減雞蛋量，1 顆蛋兌 100ml 雞湯或水，簡單又好記。

台灣主婦必學家常菜

番 茄 炒 蛋

| 親子共享 | 快速料理 | 事先做好也可以 |

主婦都知道，廚房流傳著一個可怕的傳說，就是「越簡單的越難」。

因為太簡單了，常常沒查食譜就直接來，等油熱了才發現腦子一片空白；因為太簡單了，媽媽給的食譜簡直二二六六，什麼調味料都說隨意就好，結果你拿著醬油瓶的手在爐上顫抖，發現媽媽口中的隨意離你好遙遠；因為太簡單了，所以人人各有一套作法，真查起來會覺得一片混亂。番茄炒蛋我相信就是一道「簡單到很難」的家常菜，會煮的人很多，但煮不好的也大有人在。對我而言，一盤正直的番茄炒蛋，必須要是番茄微爛、蛋卻不爛、且酸甜適中，這三個條件就透露出許多眉角跟可能失敗的點。

要達到番茄微爛，代表火候要控制好，才不會讓番茄吃起來還有生味，或是被燒到焦了。蛋不爛，則是下鍋程序的問題，要懂得把蛋炒熟先起鍋，等番茄狀況對了再回鍋，且後續翻炒力道要留意，才不會又把蛋搞爛了。酸甜適中，就是調味的功力，我做的番茄炒蛋，只需要醬油、番茄醬跟白砂糖，找到黃金比例，才能每次都做出對的味道。真心覺得番茄炒蛋是台灣主婦必須學會的一道家常菜，它的簡單快速讓主婦開心、營養下飯讓一家大小歡喜、又能當便當菜所以當餐沒吃完也沒關係。記住林姓主婦的提醒，這道簡單的菜，就會真的變得很簡單！

RECIPE

食材 | 3～4 人份

- ✦ **2 顆牛番茄**：切小塊。
- ✦ **3 顆蛋**：打成蛋液。
- ✦ **2 根蔥**：切細丁。

調味料

- ✦ **1/4 茶匙鹽**
- ✦ **2 大匙番茄醬**
- ✦ **1 小匙醬油**
- ✦ **1 小匙白砂糖**

作法 | 不含前置作業時間約 15 分鐘

① 將蔥花及鹽，放入蛋液中攪拌均勻。另將番茄醬、醬油、白砂糖事先於碗中混好。

② 以少許油熱鍋後，將蛋液放入鍋中，待蛋的外圍已經略為成形後，再用長筷撥弄幾下，讓蛋成大塊散開。蛋約九成熟即可先起鍋，另置於碗中備用。

③ 同一鍋，以餐巾紙將鍋子擦拭乾淨，再補少許油，放入番茄塊，以中小火炒至表層變軟，番茄皮開始脫落。

④ 將蛋塊放回鍋中，再將調好的醬料一同倒入，把所有食材跟醬料混和均勻，即完成。

#11

一次搞定難搞的苦瓜

苦 瓜 鹹 蛋

親子共享 ｜ 快速料理 ｜ **事先做好也可以**

每次去熱炒店，苦瓜鹹蛋是我必點的一道，不過若在家做過，就會覺得人家熱炒店的師傅果然不是白幹的，因為苦瓜本身就是一個很喜歡陰人一下的食材，不太好搞，需要真功夫才能把這分拿下。

講一句廢話，討厭苦瓜的人，就是怕那苦味，但吃過厲害的苦瓜鹹蛋便知道，其實吃起來並不會苦，而且苦瓜會被濃濃的鹹蛋黃香包覆住，涮嘴又下飯。但自己煮的版本，不但苦味毫不留情地忠實呈現，鹹蛋黃也跟苦瓜一副不熟的樣子，在鍋子裡各過各的，味道融不在一起，吃進嘴只想讓人大哭跑去找熱炒店師傅訴苦。

關於苦瓜鹹蛋的處理眉角，我大學時就在熱炒攤老闆那汗流浹背的身後學過（我不是他的女人，我單純就是點餐後在後面偷看他怎麼煮！），那時我學到三個重點。

1. 苦瓜切開去籽後，要拿湯匙盡量把內膜刮乾淨，那是苦味的來源。
2. 切薄片後，要用滾水川燙個 2、3 分鐘，再次去除一些苦味。
3. 鹹蛋要先將蛋黃取出，蛋黃都要大致切碎，一開始就將鹹蛋黃先下鍋慢慢爆香，去除蛋腥味的同時，也讓鹹蛋黃能夠均勻沾上苦瓜。

掌握這三點，做出來的家常版苦瓜鹹蛋，絕對也不會輸熱炒店太多。我根本忘了大學四年學了些什麼，但跟熱炒攤老闆偷學的這道鹹蛋苦瓜，我倒是記到現在，我爸媽千萬不要看到這篇啊（雙手合十）！

RECIPE

食材 | 3～4 人份

+ **1 條苦瓜**：切開後去籽，並且拿鐵湯匙盡量將內層白膜刮除。切薄片後，再用滾水川燙 2～3 分鐘，取出瀝乾備用。
+ **2 顆鹹蛋**：將蛋白及蛋黃分開，各自切碎。
+ **2～3 顆大蒜**：拍碎。
+ **1 根紅辣椒**：切細段。
+ **1 根蔥**：切細段。

調味料

+ 適量鹽

作法 | 不含前置作業時間約 15 分鐘

① 鍋中放入適量油，於冷鍋冷油時直接加入鹹蛋黃，以中小火炒至油溫變高，鹹蛋黃略為冒泡。
② 加入大蒜略微爆香後（火不要開太大，不然鹹蛋黃會焦掉），接著放入苦瓜拌炒，讓鹹蛋黃均勻沾上苦瓜。
③ 將鹹蛋白、蔥花、辣椒加入，繼續拌炒 2～3 分鐘，最後以適量鹽調味，即完成

#12

拐個彎小孩也能吃

螞蟻上樹

| 親子共享 | 快速料理 | 事先做好也可以 |

兒子近兩歲前，我算是蠻少給他吃外食的，因為那時真的是摸不透他到底想吃什麼，與其花錢買了東西他不吃，不如自己簡單在家弄一些他多半會吃的食物，比較妥當。

但隨著兒子體力越來越好，我們白天在外面待的時間拉長，每到午餐時間就要拉回家自己煮，不但行程難安排，老木我也會瞎忙到很厭世，所以我們午餐外食的頻率越來越高，就算兒子有時會吃不慣，阿姆溝媽媽能開心活下去也是很重要的是吧。

不得不說，雖然一般總覺得吃外食對小孩不好，但過去幾個月下來，多虧這些外食便當不經意出現的食材，讓我發現兒子原來願意吃一些我從來沒想過要給他的食物。

像有天我吃便當時，其中一道配菜是醬燒冬粉，我兒子一看竟然一直跟我討來吃，而且不是曇花一現的假象喔，往後他每次看到冬粉就搶著吃，看他這行徑我真是覺得超詭異的，冬粉到底哪裡吸引這個孩子呢我真是不懂……

總之呢，我想這是老天要我做螞蟻上樹的旨意！這道菜的作法其實跟麻婆豆腐很像，調味料都一樣，差別只是一個是放豆腐，一個是放冬粉，雖然它是走香辣下飯的路線，但只要調整一下辣豆瓣醬下鍋的順序，就可以做出辣與不辣兩種版本，大人小孩就都可以一起吃囉！

RECIPE

食材 | 3～4 人份

+ **150g 豬絞肉**
+ **適量冬粉**：先用熱水泡軟後瀝乾。
+ **3 顆大蒜**：切碎。
+ **2 根蔥**：切丁。
+ **1 小節薑**：切丁。

調味料

+ **1 小匙醬油**
+ **1 大匙辣豆瓣醬**
+ **1 大匙米酒**

其他

+ **200ml 水**

作法 | 不含前置作業時間約 20 分鐘

① 以少許油熱鍋，爆香蔥、薑、蒜。
② 加入豬絞肉以中大火拌炒至熟。
③ 加入所有調味料，跟肉拌炒均勻之後，再把水倒入
　 鍋中。
④ 水滾後，將冬粉放入，燉煮幾分鐘，讓冬粉入味，
　 湯汁收乾，即完成。

TIPS

✓ 若想要跟我一樣，做成辣與不辣的版本，可以先不加辣豆瓣醬，其餘步驟一樣，待冬粉收
　 乾後先把部分起鍋，最後再下辣豆瓣醬，跟食材攪拌均勻即可。但沒加辣豆瓣醬，鹹度會
　 比較不夠，給小孩子吃的話沒關係，若是要煮給不吃辣的大人吃，可能需要另外酌量補一
　 點醬油。

13

連切肉的時間都省了

蒜 泥 白 肉 片

| 親子共享 | 快速料理 | 事先做好也可以 |

當媽媽最討厭好不容易想好菜單，拎著小孩跑去超市準備採買，結果要買的東西沒賣！雖然說我們主婦當了那麼多年不是當假的，隨機應變的能力老娘也是有，但重點是我旁邊有一個隨時在暴衝的小孩啊！我只想照清單抓好東西就去結帳，而且這些東西向來都會賣啊，今天就偏偏沒賣是什麼意思老闆你倒是說說看（抓起老闆的領口質問）。

好啦我知道這是一種緣分，東西剛好被前一個該死的客人買走，找老闆臭幹僑也沒用。好家在有時危機算是很好化解，像我這次本來是想要買三層肉回家做蒜泥白肉的，但竟然賣完！ 計畫冷不防被打亂真是讓我心頭一陣慌，還好我利用一秒的空檔（是的，媽媽的一秒就如一般人的十秒，還挺夠用的其實），想想吃蒜泥白肉不就為了吃那蒜蓉醬嗎，我改成買豬五花火鍋肉片，回家涮一涮就能吃，比我弄一整條三層肉還要切來切去省事咧。

這樣做不但料理時間大幅縮短，吃起來也更為清爽無負擔，配小黃瓜絲吃真的超涮嘴的，夏日的夜晚吃這樣一盤，好享受啊！

食材 | 2～3 人份

✦ **200g** 豬五花火鍋肉片（像培根，長條狀那種）
✦ **1** 根小黃瓜：切細絲。

蒜蓉醬汁調味料 | 於碗中混和好備用

✦ **4～5** 瓣大蒜：切細丁。
✦ **2** 大匙醬油膏
✦ **1** 大匙開水
✦ **1** 大匙烏醋
✦ **1** 小匙白砂糖
✦ **1** 小匙香油

其他

✦ **2** 大匙紹興酒或米酒

作法 | 不含前置作業時間約 15 分鐘

① 煮一鍋水，水開始冒煙時，加入紹興酒或米酒繼續煮，滾到冒泡時，把火轉到最小，讓水維持熱度，但不要滾到冒泡。
② 將豬肉片分批放入鍋中，撥散後燙至熟，即可撈起。
③ 將其多餘水分瀝乾，鋪在小黃瓜絲上，淋上蒜蓉醬汁，即完成。

TIPS

∨ 於水中加入紹興或米酒，是為了去腥（好霸氣的一句提醒）。
∨ 這道料理事先做好也可以，是因為涼掉也好吃，但不適合反覆加熱喔。

14

混在一起就註定好吃

鳳梨蔥燒雞

| 親子共享 | 快速料理 | 事先做好也可以 |

有天我要做 BBQ 鳳梨烤雞，料都準備好放在流理台上了，剛好那頓餐我還切了一些蔥段給別道菜用，結果我看著鳳梨、雞肉、蔥段這三個元素，就覺得把他們燉成一鍋一定超好吃啊，但如果一時衝動把它們混在一起，我那天的晚餐計畫就會被打亂，只好忍下自己的渴望繼續往前走。

幾天後我又抱了一顆鳳梨回家，殺了之後直接留 1/3 顆鳳梨準備要完成我上次的美夢，我還加了洋蔥跟黑木耳，這樣一鍋燉雞，調味料只用了最基本的醬油跟米酒，洋蔥跟鳳梨的天然甜讓這鍋燉雞香甜卻不膩，醬汁淋在飯上讓我吃到最後一粒米都覺得好享受，果然把對的食材混在一起，就註定會是好吃的料理！

RECIPE

食材 | 2～3 人份

+ **2 片雞腿排**：切塊。
+ **5～6 根蔥**：切大段。
+ **4～5 顆大蒜**：拍碎。
+ **10 多片鳳梨**
+ **適量木耳**：剝小塊。
+ **1/4 顆洋蔥**：切塊。

調味料

+ **3 大匙醬油**
+ **1 大匙米酒**

其它

+ **200ml 水**

作法 | 不含前置作業時間約 40 分鐘

① 以適量油熱鍋後，爆香大蒜及洋蔥，炒至洋蔥變透明狀。
② 加入雞腿肉拌炒至表層熟後，加入 1 大匙醬油及米酒，稍作拌炒，讓雞肉上色。
③ 加入木耳、鳳梨、蔥段，2 大匙醬油及 200ml 水，以小火燉煮約 30 分鐘，待雞肉入味、醬汁略為收乾，即完成。

TIPS

✓ 若時間許可，燉好後蓋上鍋蓋，讓雞肉繼續用餘溫燜一陣子，味道會更融合、更好吃！

04

盲人摸象調味法

若不論事前構思與備料，做菜基本上就是分成兩個部分，一是把食物弄熟，二是讓食物有味道。把食物弄熟，熟到恰到好處，主要是火候控制的技巧，我晚點再來談。讓食物有味道，甚至要達到好吃的境界，則是靠調味料運用的功力。

真正經驗老道的主婦，是冰箱打開，看到什麼就煮什麼，東拼西湊也能變出一盤讓全家搶著吃的佳餚，很多人的媽媽就是這樣的等級。

在食材那麼隨機、手法那麼隨性的情況下，自然是無法很制式去遵循食譜的作法，之所以可以不依賴食譜，是因為對食材的特性以及調味料的味道有著充分認識，才能找到讓兩者相輔相成、融為美食的作法，說到底，還是靠經驗兩個字。

看到這裡你可能準備要把書拿去退貨了，咒罵林姓主婦說：「有經驗才煮得好吃這種廢話還要你講！老娘就是沒經驗咩不然怎麼會買你的書！」，不是啦我鋪梗鋪得差不多了，要開始講重點了，不要太快放棄我啊（搖你肩膀）。

了解食材的特性，可能需要很多時間累積知識，但若單論調味，其實沒有那麼複雜，只要跟我一樣理解其中的邏輯，就算不照著食譜煮特定口味，做出來的菜也不會離譜到哪裡，我把幾個重要階段拆解開來，你可能會豁然開朗。

我在 P.78 有把調味料依味道做分類，有這份認知後，再來我們要做的，就是想像一下自己期待的味道、挑選合適的調味料，依序放入。以下是我整理出來，最簡化的調味步驟。

Step1 → 用什麼油爆香？

Step2 → 如何讓菜有鹹味？

Step3 → 若食材有含肉類或是海鮮，可以再決定要用什麼酒去腥、提味。

★ 加分變化題：「是否要讓這道菜會酸、會甜、會辣，或是使用特殊風味調味料」。

其中加分變化題難度最高，不是必答，雖然若這分拿得漂亮，菜的味道會更有重點跟特色，但真的很不善調味的話，不用勉強自己靠加分變化題變花招，把 Step1、2、3 做好，東西就已經很好吃了，而且會是最能吃到食物滋味的作法，你應該覺得驕傲。這麼說起來，要決定的調味料其實很少，有選擇障礙的人也不會太難應付，對吧？

Step1 ⟩ 用什麼油爆香？

最安全的就是使用純橄欖油或是玄米油這種沒有強烈味道的，但若想要讓料理香氣更明顯，那就用麻油，會帶給你意外的收穫，不要怕嘗試。還有一個中間一點的選擇，是香油，有點香又不會太香。

隨便舉個例，最簡單的蔥爆肉絲，若改用麻油，吃起來就是另一個風味，由此可見，炒菜想要換換口味，不見得要大刀闊斧。

Step2 ⟩ 如何讓菜有鹹味？

依照我常用的，可以分為鹽／鹽麴、或是醬油／醬油膏這兩組來討論，簡單說，想吃清淡點，加鹽／鹽麴就好，想要重口味就加醬油／醬油膏。兩者可以同時使用，像是想要有點醬香、讓食材上色，但不想太重鹹，就加少許醬油爆香一下，其餘還是加鹽。除此之外，以下是一些我想到的小提醒：

1　建議使用鹽／鹽麴的時機

蔬菜一般就是用大蒜爆香，再加鹽調味即可，這樣才吃得到蔬菜的清甜，特別是綠色蔬菜與瓜類。蝦子、花枝、透抽、蛤蠣等海鮮我建議優先用鹽，太重的調味反而會壓過海鮮的鮮甜。魚我也是喜歡乾煎或是烤，再簡單灑點鹽巴。

肉類若用西式的作法，用鹽即可，尤其是肉質佳的肉排料理，像是乾煎牛排、雞排、豬排、魚排。若希望鹽味料理嚐起來有些新意，那可以試著用鹽麴取代鹽來調味，任何食物都行，會吃到鹽麴特有的香味。

2　建議使用醬油／醬油膏的時機

亞洲人習慣靠主菜配飯吃，而肉類通常就是主菜，所以亞洲肉類料理多半會用醬油、醬油膏調味，讓它下飯些。我通常是用醬油，若喜歡帶點甜味的話，也可以改用醬油膏。但滷東西的話，還是需要使用醬油，醬油膏要加也只能算是陪襯的角色，單用醬油膏的話質地太濃稠了。另外像豆干、豆腐本身沒什麼味道，用點醬油會比較好吃。

Step3　肉類、魚類及海鮮類用什麼酒去腥、提味？

做中式料理的話，最簡單就是加米酒，想要額外香氣就加紹興酒。繼續拿蔥爆肉絲舉例，若最後嗆一點紹興酒進去，就又會讓老公以為是新口味，麻婆豆腐用紹興酒也特別好吃。做日式料理的話，基本上都是用清酒，如果沒有清酒，就用米酒取代。如果是做偏甜口味的料理，還可以加一點味醂。

> 學會運用以上三階段的調味，搭配對的食材，你已經可以拍胸脯說自己蠻會做菜了，接下來是讓你變成很會做菜的變化題拿分技巧。

★加分變化題

先玩玩酸甜辣的排列組合

這三種口味，單獨加入、兩兩合併使用，甚至全部都加，都可以，只要找出其中協調感就好。以下是酸、甜、辣的各種組合，假設我們今天的食材是洋蔥跟雞丁好了！照

慣例把洋蔥爆香、雞丁用醬油基本調味後，還能做些什麼變化呢？

- 加酸：加點醋或擠一點檸檬汁，讓它變成微酸口味，夏天吃起來感覺很爽口吧。
- 加甜：加點白砂糖或是蜂蜜，吃起來有點鹹甜鹹甜，超好吃。
- 加辣：加辣豆瓣醬炒，或是灑點花椒粉，光想就覺得很下飯有沒有！
- 加酸甜：加了醋或檸檬，再加一點糖或蜂蜜，味道又更豐富了！
- 加酸辣：加了醋或檸檬，再灑一些黑胡椒或是辣椒末，吃起來好過癮！
- 加甜辣：加點白砂糖，配些辣豆瓣醬，就會是甜甜辣辣的涮嘴口味囉！
- 加酸甜辣：擠點檸檬、加點蜂蜜、再淋些辣油，冰火五重天也差不多就是這樣吧！

利用特殊風味調味料讓口味升級

一次列出那麼多種口味的變化方式，你可能會覺得林姓主婦太誇張了，人活著根本不需要知道或吃到那麼多種不同的口味吧。能夠簡單吃，絕對很好，如果每天都燙一盤豬肉片再淋一點醬油就上菜，老公孩子吃了也不會該該叫的話，多省事啊！

但主婦的現實生活就是，一道菜煮個幾次，就開始有人喊膩了，在餐桌上給我擺出意興闌珊的死樣子，用筷子撥弄幾下盤中物就說吃飽了，我們總是被家人或孩子殘酷的反應逼著去想出更多花招，所以不准嫌我們自找麻煩！

發完脾氣後請跟我喝杯茶冷靜一下，我們的調味料進修課還是要繼續（頭綁毛巾），接著我要分享如何用特殊風味調味料，讓料理再多一些新的可能。

1　沙茶醬

沙茶醬究竟是用什麼東西做出來的，如果一多想就會開始有點介意。當然我不會說它是健康的食品，它終究是多重加工出來的調味料，但如果不吃沙茶醬，我們還配做台灣人嗎！這種偉大的產物就算製作過程有點胎哥跟神秘，我們還是要愛用國貨，支持一下啊，鄉親們說對不對啦！而且重點是它真的很好吃啊，偶爾偷吃步加 1 小匙提味也還好啦！這一堂課我繼續用洋蔥雞丁舉例，炒的時候加一點，就變成迷人的沙茶口味，誰抗拒得了啊！

特別提醒

- 沙茶醬已經很鹹了，所以若要加，醬油的分量一定要減少，基本上靠沙茶醬也就很夠味了。
- 做沙茶口味的料理時，一般都會加一點米酒，很對味。

2 甜麵醬

洋蔥雞丁加一些甜麵醬的話，就會很像醬爆雞丁或是京醬雞丁囉。

特別提醒

· 甜麵醬頗鹹，要用的話，需要減少醬油的分量。

3 番茄醬

洋蔥雞丁加一些番茄醬，稍微炒一下，番茄醬略微收乾後，跟原本的醬油搭配起來會有一種醬燒的香味，很好吃呦。

特別提醒

· 可以加一點白砂糖，會變成酸酸甜甜的。
· 再補一點白醋、黑醋或檸檬汁的話，就會變成酸味更明顯的糖醋口味了。
· 不要以為番茄醬只有酸跟甜而已，它其實成分裡也有不少鹽，是會鹹的，像是我若把番茄醬加進炒飯裡，基本上就不會再另外加鹽了，使用上要記得留意它對鹹度的影響。

4 味噌

把味噌兌一些清酒化開，在炒洋蔥雞丁時淋上去拌炒，起鍋前再灑一大把蔥花，超下飯的味噌雞丁就完成了！

特別提醒

· 味噌很鹹，要用的話，需要減少醬油的分量。

講到這邊，應該大致能想像，用這些調味料可以變出多少種口味了吧！煮任何料理前，先靜下心感受一下食材的特性（它適合清淡吃，還是適合加點味道？），想像一下這道菜應有的滋味，搭配蔥、薑、蒜、洋蔥等食材爆香提味，下合適的調味料，這樣慢慢琢磨、思考使用上的時機與分量幾次後，我相信你以後閉著眼睛也能煮出一桌菜了。

調味料的比例公式

在調味時，另一個很考驗功力的關卡，就是之間的比例到底該如何抓，才會做出最協調的口味。我自己在寫食譜以前，跟很多主婦一樣，真的是很憑感覺，我就是酌量加、試味道，再去補強。

近一年多，為了詳盡寫下食譜，我開始用量匙測量，漸漸地我發現一件很奇妙的現象，就是**很多時候，調味料間的比例都剛好是 1：1：1 最好吃**，譬如說 1 大匙醬油＋1 大匙清酒＋1 大匙味醂，就是很萬用的調味醬汁。

所以我在這裡可以給一個很大膽的建議，就是<u>想要盲人摸象，自己去嘗試調出味道的話，先把所有的調味料抓等比。</u>

如果是快炒類，不要一次用 1 大匙，這樣累積出來的分量會很多，成果容易太鹹，風險有點大，所有調味料先全部用 1～2 小匙，等東西炒熟之後，試一下味道，這時你就可以感覺出來：「嗯～好像可以再酸一點，再加多一點醋好了」，或是「嗯，沙茶味不夠濃，再多加一些」，補到你想要的感覺。

我在開發新食譜時，也都是這樣做的，先讓大家在鍋中等量排排站好，我比較能嚐出缺少的那一味，如果一開始就讓有些調味料戲分太重，比例失衡太嚴重的話，再怎麼補都會有點救不回來的感覺。

有時你還是要相信自己的直覺，像「這個只要有一點點甜應該就夠了」、「這道菜的辣只是點綴」，那就可以直接減少比例，總之，寧可覺得不夠再補，也不要一下加過量囉。

阿姆溝這個世界那麼大，當然還有很多調味料可以運用，我只是挑出使用頻率最高的來舉例說明，我大部分的料理真的都是靠這些做出來的，對新手主婦來說，這些真的就很夠了，先把這些摸熟，其他的調味料再慢慢去探索吧，永遠都學不完的！

Chapter 3

一鍋到底的
美味飯

越忙的時候越要懂得用鑄鐵鍋煮炊飯，
不但營養豐富、又只要15分鐘
就能把生米煮成熟飯，
誰說一定三菜一湯才能滿足。

#01

小吃店古早味自己來

香菇油飯

親子共享 ｜ 快速料理 ｜ **事先做好也可以**

有天興致一來想用鑄鐵鍋做香菇油飯，沒想到在爬文研究食譜時，對於糯米要不要事先泡水這點，眾說紛紜，我看了霧煞煞，後來心一橫，想說既然自己一路以來都是用一種偷懶取巧的方式在料理，如果有人說不泡水也可以，那我當然要試試看。

照慣例用鑄鐵鍋以小火煮 15 分鐘後，我打開來偷吃一小口，結果糯米完全沒煮透，覺得自己搞砸了，萬念俱灰想說找時間再重煮好了，就把鍋蓋蓋上擱著，沒想到過了半小時，我打開一看，竟然光靠鑄鐵鍋的餘熱，就把糯米燜到軟 Q，完全就是小吃店會賣的油飯口感啊，根本超級簡單又好吃！原來真的可以不泡，但需要燜久一點，等它透喔！

不過後來我一直在想說糯米先泡水到底煮出來會怎樣，搞得我午夜夢迴睡不著，那種心情大概就像很多女人（我不是說我喔）會想說如果當年選了另一個男人，人生會有什麼不同。

為了不想三心二意，我索性找時間再煮一次，這次糯米有先泡水 1 小時，這樣做果然一開鍋就可以吃，所以兩種作法都行，但先泡過的口感會再軟一些，而稍微放涼後 Q 度也還是在，之後我自己做應該都會先泡水（蓋章翻下一頁）。

食材 | 3～4 人份

+ **4～5 朵中型大小的香菇**：泡軟後將水擠出，切小片，香菇水留著。
+ **100g 豬五花肉絲**：以少許麻油及醬油醃（利用備料時間醃即可）。
+ **5 顆栗子（可省略）**
+ **4～5 顆紅蔥頭**：拍碎切丁。
+ **適量蝦米**：泡軟後將水擠出（我不愛蝦米，所以沒放）。
+ **2 杯長糯米**：洗淨瀝乾，若備料時間允許，先泡水 1 小時，再瀝乾。

用圓糯米也可以，但油飯用長糯米口感更對。

調味料

+ **2 大匙麻油**（醃肉分量以外）
+ **2 大匙醬油**（醃肉分量以外）
+ **少許白胡椒粉**

其他

+ **250ml 水**（連同香菇水）

作法 | 不含前置作業時間約 30 分鐘

① 以麻油熱鍋後，依序加入紅蔥頭及香菇爆香（若有蝦米，也於此時入鍋一起爆香）
② 加入肉絲拌炒至表層熟後，放入醬油、白胡椒粉跟鍋中食材攪拌均勻。
③ 加入長糯米及水，把所有食材再次拌勻，在上方鋪上栗子。
④ 將鍋內的水煮到微滾後，蓋上鍋蓋，轉最小火煮 15 分鐘後關火，拿飯匙將飯拌開，蓋上鍋蓋
再燜半小時，即完成（若糯米有先泡水，開鍋後就可直接吃，但油飯放涼些，吃起來比較 Q）。

TIPS

ˇ 要特別注意，煮糯米時，水的比例需調整為 1：0.7，也就是 1 杯長糯米兌 0.7 杯的水。以我煮 2 杯米的情況，水我是用 250ml。

ˇ 用電鍋煮也可以，一樣把料跟米都炒好，再放到內鍋，外鍋加 2 杯水煮。

#02

夏季限定的爽口滋味

竹筍炊飯

| 親子共享 | 快速料理 | 事先做好也可以 |

每年端午，聽著窗外的蟬叫聲吃肉粽時，我一定要喝一大碗竹筍湯，才能讓我稍微冷靜下來，面對悶熱夏天即將襲擊的殘酷事實，綠竹筍是我夏天的希望。

不過一般超市賣的竹筍真是有夠難吃，又苦又澀，我被騙了幾次就放棄了，平常很少能吃到，如果回婆家發現婆婆去傳統市場時有幫我多買，我一定沒在客氣，有多少拿多少，帶回家煮湯、煮鹹粥、炒肉絲或是涼拌都可以（而且好吃的竹筍超貴的，隨便買就好幾百，還是拿婆婆的好了哇哈哈）。

拿竹筍來做炊飯也很棒，為了不搶掉竹筍的風味，我是把雞柳條切碎來拌炒，會比豬肉味道更清淡，另外加了一點味噌調味，變成一道日式口味的炊飯，托竹筍的福，特別清甜爽口，夏天吃，真是打從內臟覺得舒服啊。

RECIPE

食材 | 2～3 人份

- ✦ **150g 雞柳條（約 5～6 條）**：切細丁。
- ✦ **1 根中型綠竹筍**：去殼並削去底部粗纖維部分後，切成骰子狀。
- ✦ **2 朵香菇**：泡軟後將水擠出，切小片。
- ✦ **1 杯米**：洗淨瀝乾。
- ✦ **1 小匙薑末**

調味料

- ✦ **2 小匙味噌**
- ✦ **2 小匙清酒**
- ✦ **1 小匙醬油**

其他

- ✦ **1.1 杯水**

作法 | 不含前置作業時間約 30 分鐘

① 以少許油熱鍋後，加入香菇爆香。
② 加入雞肉丁拌炒至表層熟。
③ 加入薑末、味噌、清酒及醬油，跟肉拌炒均勻。
④ 放入竹筍跟米，與料攪拌均勻後，加入 1.1 杯的水。將鍋內的水煮到微滾後，蓋上鍋蓋，轉最小火煮 15 分鐘，即完成。

TIPS

✓ 這道料理用電鍋煮也可以，一樣把料跟米炒好，再放到內鍋，外鍋加 1 杯水煮。

#03

沒過年也想吃的港味

臘味飯

親子共享 ｜ 快速料理 ｜ 事先做好也可以

年輕時總覺得哪天被男友求婚，肯定會感動到一把鼻涕一把淚，沒想到實際發生在我身上竟然沒哭，反倒是當晚準備跟我爸媽稟告時，想到以後不能跟他們一起吃年夜飯了，突然淚流不止。

我們一家四口，過年都吃很簡單，我媽不會弄什麼誇張的大菜，通常就是一鍋火鍋，搭配一些拜拜的菜就差不多了。這些時光雖平淡，嫁人後回想起來，卻特別懷念，我想很多結了婚的女人，每到除夕，想起家中的老父老母跟兄弟姊妹，內心都會有點淡淡的哀傷吧。

不過好家在，我來自小家庭，也嫁入一個小家庭，我婆家過年一樣簡單乾脆，不需要我在廚房幫忙張羅。但我想大多媳婦不會像我一樣白目，聽到不用幫忙就在客廳看電視（莫非我婆婆都在廚房舔刀），應該還是需要做點年菜聊表心意吧！

這是為了我專欄的年節企劃所推出的食譜，符合林姓主婦「快速、簡單、賣相佳」三大料理原則，雖然充滿年味，但其實這是平常日子也會想吃的港式好滋味，沒有臘腸，用香腸也可以，醬汁鹹甜下飯，非常美味呦！

RECIPE

食材 | 5～6 人份

✦ **2 杯米**：洗淨瀝乾。

✦ **2 條臘腸、2 條肝腸**：切斜片。

✦ **適量青菜**（青江菜或是芥蘭比較適合）：燙熟後瀝乾。

✦ **1～2 根蒜苗**：切斜片（可省略）。

醬汁調味料

✦ **2 大匙醬油**

✦ **1 大匙糖**（我是使用白砂糖）

✦ **1 小匙麻油**

✦ **2 大匙水**

於小鍋，以小火先煮好，煮到糖化開即可。

其他

✦ **2.2 杯水**

作法 | 不含前置作業時間約 20 分鐘

① 將 2 杯米及 2.2 杯的水，放於鑄鐵鍋中，鋪上臘腸及肝腸。

② 將鍋內的水煮到微滾，蓋上鍋蓋，轉最小火煮 15 分鐘後關火，淋上醬汁與飯拌勻，鋪上青菜即完成。也可將蒜苗加入鍋中拌著吃，很對味。

讓你冬天微笑入眠的味道

麻 油 雞 飯

| 親子共享 | 快速料理 | **事先做好也可以** |

我們家是在一棟有管理室的大樓,剛搬進來時,覺得這一切美好的像夢。

社區有垃圾間,就不用趕著下班回家追垃圾車,每天都可以差遣老公把垃圾跟廚餘清空超爽 der。有 24 小時駐守的管理大哥,無論我上網訂了多少東西,他們都會幫我簽收。停車位就在地下室,外面刮風下雨也可以維持全身乾爽,把兒子弄上車。

真要說有什麼好抱怨,就是住這,每一戶都有安裝煙霧警報器,寒冷的冬天我如果想要煮米酒用得兇的料理取暖,像是麻油雞或是燒酒雞,就算把窗戶打開,吹冷風保持空氣流通,警報器依舊會以為我們家有人要燒炭,不但瓦斯會自動熄滅,還鈴聲大作驚動鄰居。

我挑戰過幾次都逃不過警報器的法眼,心力交瘁,已經一、兩年不曾煮這類料理,但今年我實在是忍不住了,想說那煮麻油雞飯,米酒用量少很多,總可以吧!

還好警報器這次放我一馬,讓我安全下莊,雖然喝不到熱湯還是有點遺憾,但麻油雞飯的好味道依舊讓我感動到想哭,冬天就是要吃這一味才能微笑入眠啊!

RECIPE

食材 | 2～3 人份

- ◆ **1 片雞腿肉切塊**：用少許醬油醃 10 分鐘。
- ◆ **適量高麗菜**：剝小片。
- ◆ **1 杯長糯米**：洗淨、泡水 1 小時後，瀝乾。
- ◆ **數片薑片**
- ◆ **適量枸杞**：洗淨瀝乾。

調味料

- ◆ **2 大匙麻油**
- ◆ **2 大匙米酒**
- ◆ **1/4 茶匙鹽**
- ◆ **少許醬油**（醃肉用）

其他

- ◆ **0.6 杯水**

作法 | 不含前置作業時間約 30 分鐘

① 將麻油倒入冷鍋中，開小火後，直接放入薑片，以
　冷油方式慢慢乾煸到老薑變乾。

② 加入雞腿肉，拌炒至表層變白，倒入 1 大匙米酒，
　將湯汁略滾幾十秒，讓酒氣散一下。

③ 加入適量高麗菜，跟料翻炒均勻後，蓋上鍋蓋燜 2～3 分鐘，待高麗菜燜軟，放入 1/4 茶匙
　的鹽，跟所有食材攪拌拌勻。

④ 放入長糯米及枸杞，再次攪拌均勻，加入 0.6 杯水，將鍋內的水煮到微滾後，蓋上鍋蓋，轉最
　小火煮 15 分鐘，即完成。

T I P S

- ✓ 若打開鍋蓋發現飯太濕（高麗菜出較多水），可關火，用鍋中的餘溫繼續燜 20～30 分鐘，
　水分就會慢慢被吸收。
- ✓ 一般 1 杯糯米會兌 0.7 杯的水，但因為高麗菜還會出水，我減到 0.6 杯成果才不會太濕。
- ✓ 用糯米比較對味，吃起來有點 QQ 的口感。但用白米也可以，入鍋的水量調整到 1 杯即可。
- ✓ 用電鍋煮也可以，一樣把料跟米都炒好，再放到內鍋。使用糯米，外鍋加 2 杯水煮；使用
　白米，外鍋加 1 杯水。

餐廳等級的懶人飯

上海菜飯

| 親子共享 | 快速料理 | 事先做好也可以 |

當媽媽的都知道，小孩每隔一段時間身心靈各方面會出現微妙的改變，我稱之為系統更新，更新之後，有些部分會越變越好，但通常也會伴隨一些惱人的小 bug，總之每個階段都有新的關卡，媽媽永遠有破不完的關。

每次更新之後遇到新難題，我大多能忍辱負重堅強面對，但兒子最近有個更新我真是受不了（崩潰翻說明書），就是他內建電池無預警被換成勁量級，體力倍增，需要的睡眠越來越短！

以前該上床就上床，現在會費盡千方百計跟我拖延時間，像是到了睡覺時間跟我說要便便，想說拉屎皇帝大就等他，結果他悠悠哉哉一副唬爛我的樣子，直到作勢要把他抱進房他才奮力一擠，洗屁股時發現根本只有兩粒玉米大小的屎，真的是很想扁他，不過想想這個孩子為了可以晚一點上床，連明天的屎都先擠一點出來，也算是他有心（嗯？）。

反正睡前就是歹戲拖棚，很難結案啦！這樣跟他纏鬥多日後，我體悟到破關的方法只有一個，就是老娘要更常帶他出去消磨體力，唯有耗到他腿軟無力，我才能準時下班！

每天跟兒子在外面耗，我在家煮飯的時間再度被壓縮，在這種跟時間賽跑的時候，做上海菜飯真是出乎意料的方便，只需要香腸、青江菜、幾瓣大蒜跟雞高湯，備料快速容易，且完全不用調味，香氣四溢的一鍋飯就輕鬆搞定！端這鍋飯上桌，讓人感到非常驕傲，忙成這樣還能做出餐廳等級的菜色，每個媽媽都是超人！

食材 │ 2～3 人份

+ **3 根香腸**：切丁。
+ **2 株青江菜**：切細段，根部及菜葉分開擺放。
+ **3 顆大蒜**：拍碎去皮。
+ **1 杯米**：洗淨瀝乾。

其他

+ **1.1 杯雞高湯**（**P.91** 有介紹）

作法 │ 不含前置作業時間約 30 分鐘

① 以少許油熱鍋後，放入香腸丁，煎至表層變金黃。
② 加入大蒜爆香至香氣出來。
③ 將青江菜根部入鍋拌炒至軟。
④ 加入白米，與料略炒一下，接著倒入雞高湯。將鍋內的水煮到微滾後，蓋上鍋蓋，轉最小火煮 15 分鐘後關火。
⑤ 將菜葉放到飯上方，蓋上鍋蓋燜 10 分鐘，用鍋中餘熱讓菜變熟，同時讓米燜更透。最後將菜葉均勻拌入飯中，即完成。

TIPS

✓ 做上海菜飯一定要用雞高湯，不然米會少了一個重要香氣。懶婦如我當然是沒有自己熬雞高湯，我是用有機商店買來的冷凍雞高湯，很香濃，拿來做這個飯 100 分！

✓ 我不太喜歡吃黃掉的綠色蔬菜，所以僅利用鍋中餘熱把菜葉燜熟，上桌時還會有點鮮綠，但若不介意菜黃掉，一開始就入鍋拌炒也無妨，不會影響口感。

✓ 若用大同電鍋，一樣先把料炒熟，到第四步驟時，再把料跟米放入大同電鍋，倒入雞高湯，外鍋用 1 杯水蒸，跳起後再把菜葉放入鍋中燜 10 分鐘。

蒼白主婦的快速補鐵料理

山 藥 紅 棗 雞 汁 炊 飯

有時覺得全職媽媽，看著其他的女人，會有一種自己活在平行世界的感覺。

我們的生活基本上就是繞著育兒跟家務事打轉，雖然管理的單位不大，但忙亂程度可不輸給在職場打拚的上班族。上班族的工作內容或許大同小異，背後還有一個團隊在運作，我們的專案內容（也就是小孩）卻是不斷神展開，每隔一段時間就會出現新的任務需要解決（小孩挑食、沒規矩要管教、快戒尿布需要訓練等等喔賣尬），而且80%以上的時間我們只能靠自己！如果全職媽媽只接一個專案就算了，但通常會接兩個甚至三個，每個專案的情況跟訴求都不一樣，全職媽媽想救自己，只能花更多時間去鑽研個案，尋求一一擊破之道，雖然結果而言往往是繼續亂槍打鳥。

在這種永遠被專案進度追著跑的困境下，全職媽媽很自然地會選擇犧牲打理自己的時間跟心力，反正我們活動範圍不出公園、超市、小孩課程，沒機會見到什麼帥哥，頭髮隨便紮就拎小孩出門，一進電梯發現夭壽喔連眉毛都忘了畫，更無情的是我們因為步入中年，口水舔一舔就鮮紅的雙唇早已不復見，沒有眉毛又面無血色，如果不是剛好有把頭髮綁起來，不然鏡子裡的不明女子跟貞子有什麼兩樣。

我靜心一想，想要改善面色蒼白問題，靠食補比靠化妝品實際地多，而且煮了家人還可以順便吃，買化妝品就只有自己能用，隨便一比就知道輸贏（林姓主婦好樸實）。

這道炊飯真的是我為了補充鐵質而特別做的，主要是紅棗富含大量的鐵質，我本來就很喜歡紅棗的甜味，在查哪些食材富含鐵質，一眼就鎖定它！我另外搭配山藥讓營養更豐富，還灑了一小把枸杞，煮飯的水，則是用有機商店買的現成原味雞湯取代。這樣一鍋飯，無需加一粒鹽，靠最簡單燜煮，就可以讓食材的味道徹底綻放，每口飯都有著紅棗跟枸杞的甜、山藥的鬆軟跟雞湯的微香，我吃完都覺得臉色紅潤起來了呢（結果一轉身還是嚇到老公）。

親子共享 ┃ 快速料理 ┃ 事先做好也可以

RECIPE

食材 ┃ 2～3 人份

+ **10~12 顆紅棗**：洗淨後，用水果刀切開，將
  籽取出。
+ **1 小節山藥**：切丁。
+ **1 小把枸杞（若沒有可省）**
+ **1 杯米**：洗淨瀝乾。

其他

+ **1.1 杯雞高湯（P.91 有介紹）**

作法 ┃ 不含前置作業時間約 15 分鐘

① 將米放入鑄鐵鍋，鋪上紅棗、山藥、枸杞，加入雞高湯。
② 將鍋內的水煮到微滾後，蓋上鍋蓋，轉最小火煮 15 分鐘，即完成。

TIPS

✓ 示範是使用 Le Creuset 14 公分鑄鐵圓鍋。

✓ 若不使用鑄鐵鍋，也可將所有食材放入電鍋煮。比照一般煮米方式，外鍋放 1 杯水即可。

✓ 削山藥時，最好戴個手套，不然汁液碰到手，可能會感到發癢。

喚醒你的古早味台菜魂

香菇芋頭
炊飯

| 親子共享 | 快速料理 | 事先做好也可以 |

我算是很喜歡吃芋頭的,但芋頭是很容易被煮到魂飛魄散的東西,如果在家要弄,像煮芋頭粥或是芋頭排骨,都不免要炸一下,讓它表層定型再入鍋燉煮,不然你燉了一小時,高高興興打開鍋子一看,會覺得自己剛才到底在瞎忙什麼,芋頭早已化成泥。

因為太不想在家裡炸東西了,我多年來幾乎沒有自己煮過芋頭料理,但有天我想說,不如把芋頭切小丁試試看,這樣只需要用一些油,就可以把它們都炸到酥脆。既然芋頭變成小丁,拿來燉排骨湯也太小家子氣,把香菇芋頭粥的口味,做成炊飯版本吧!

這是個很古早味的炊飯,裡面有爆香過的紅蔥頭、香菇片、蝦米跟五花肉絲,最後還灑了些芹菜末跟白胡椒進去,吃起來的香氣跟粥很類似,但因為芋頭沒有泡在湯裡熬,所以還會帶點酥脆,口感大不相同,極度好吃,推薦給跟我一樣有台菜魂的人!

RECIPE

食材 | 2～3 人份

* **200g 芋頭**：切成約骰子大小的方塊。
* **100g 五花豬肉絲**：以少許醬油醃 10 分鐘。
* **3 顆紅蔥頭**：切碎。
* **3 朵香菇**：泡軟後將水擠出，切片。
* **1 把芹菜**：切細丁。
* **1 小把蝦米**：泡軟切碎。
* **1 杯米**：洗淨瀝乾。

調味料	其他
• 1 小匙醬油	• **1.1 杯水**
• 1/4 茶匙鹽	
• 適量白胡椒	

作法 | 不含前置作業時間約 40 分鐘

① 以適量油熱鍋後，將芋頭以半煎炸的方式，煎至表層焦脆，將芋頭取出，把油瀝乾備用。

② 同一鍋，用長筷夾著餐巾紙將鍋中雜質抹去，補上少許油，直接冷油開始爆香蝦米，待蝦米香氣出來後，接著放入紅蔥頭及香菇爆香，再放入肉絲炒至表層熟透。

③ 加 1 小匙醬油，跟料拌炒均勻，放入米稍作拌炒，加入 1.1 杯的水，將料大致鋪平後，將芋頭放在上方，將鍋內的水煮到微滾後，蓋上鍋蓋，轉最小火煮 15 分鐘。

④ 打開鍋蓋將芹菜末鋪在上方，蓋上鍋蓋再燜 5～10 分鐘，讓芹菜味道融入飯中，最後加入 1/4 茶匙鹽以及適量白胡椒，跟料拌均勻，即完成。

08

中西混血的菜肉飯
培根野菇菠菜炊飯

日式炊飯裡，野菇跟菠菜是很常被用上的食材，拿醃過的雞肉丁爆香一起煮，香噴噴的一鍋日式菜肉飯就可輕鬆上桌，營養滿點。不過這次我想要做點小變化，拿了厚切培根取代雞肉，最後調味時也灑上一些黑胡椒，做出有點混和日式、西式的味道。

本來還想要在上面弄顆半熟蛋的，在飯中拌開那畫面，想到就好療癒，可惜這一陣子有禽流感，要煮的時候腦中一直浮現醫生在新聞裡提醒大家蛋要煮熟的嚴肅臉，為了家人健康我只好放棄了，但你們有機會可以試試看，一定會很搭的！

| 親子共享 | 快速料理 | 事先做好也可以 |

RECIPE

食材 | 5～6 人份

- ✦ **1 條厚切培根（或 5 片一般的培根）**：切成細條狀。
- ✦ **1 株鴻喜菇**：將根切除。
- ✦ **4～5 朵新鮮香菇**：切片。
- ✦ **2 株菠菜**：切段。
- ✦ **2 杯米**：洗淨瀝乾。

調味料

- ✦ **1 大匙醬油**
- ✦ 適量烹大師
- ✦ 適量黑胡椒
- ✦ 少許鹽

其他

- ✦ **2 杯水**

作法 | 不含前置作業時間約 30 分鐘

① 以少許油熱鍋後，加入培根炒至表層變焦脆、油被逼出。

② 放入鴻喜菇及香菇，炒至出水後，加入 1 大匙醬油，跟料拌炒均勻。

③ 放入米稍作拌炒後，加入 2 杯水，將鍋內的水煮到微滾後，蓋上鍋蓋，轉最小火煮 15 分鐘。

④ 關火打開鍋蓋，將菠菜拌入鍋中（飯的溫度就足以讓菠菜變熟了），最後以適量烹大師、黑胡椒及鹽調味，即完成。

TIPS

✓ 因為菇類帶有很多水分，若起鍋時覺得飯還有點濕軟，可蓋上鍋蓋再燜 10～20 分鐘，水分就會慢慢被米飯吸掉。

#09

不用調味就超美味

泡菜蛤蠣炊飯

在我心裡，蛤蠣跟泡菜不但是絕配，更是做懶人料理的食材最佳選擇，因為它們本身味道就超濃郁，蛤蠣又鮮又鹹、泡菜又酸又辣，把這兩樣加在一起，根本什麼調味料都不用加，人生已圓滿（最好人生有那麼容易圓滿）。

一般我會拿這個組合做鍋燒烏龍麵，有天靈機一動，改成拿來做炊飯，另外再用一點培根爆香，還放了櫛瓜，一整鍋從備料到完成頂多30分鐘吧，該有的味道都有了，方便到不行，又忙又懶卻不甘心隨便吃的時候，這鍋飯絕對會讓你感到心滿意足！

| 親子共享 | **快速料理** | 事先做好也可以 |

RECIPE

食材 | 2～3人份

+ **韓式泡菜約 1 碗**：切碎。
+ **10 多顆蛤蠣**：吐沙備用。
+ **1/2 片厚切培根（或 2 片一般培根）**：切細段。
+ **1 條櫛瓜**：切丁。
+ **2～3 顆大蒜**：拍碎。
+ **1 杯米**：洗淨瀝乾。

其他

+ **清酒加水共 1 杯（比例約 1:4）**：若沒有清酒可省略。

作法 | 不含前置作業時間約 20 分鐘

① 以少許油熱鍋，加入大蒜及培根爆香。
② 加入櫛瓜稍作拌炒後，接著加入泡菜拌炒。
③ 加入米與所有食材攪拌均勻後，再加入清酒及水。
④ 將鍋內的水煮到微滾後，把蛤蠣鋪在上方，蓋上鍋
　蓋，轉最小火煮 15 分鐘，即完成。

TIPS

✓ 一般用鑄鐵鍋做炊飯，1 杯米都會兌 1.1 杯的水，但因為蛤蠣有很多水分，我只有加 1 杯的
　水量，成果才不會過於濕黏。

05
關於火候這件事

會做飯的人不管經驗多寡,都有個共同的惡夢,就是火候一個沒顧好,把菜燒焦了。

這是什麼感覺我告訴你,就像是參加大考,在悶熱的教室裡好不容易把題目做完,結果在鈴聲響的前一分鐘,赫然發現從第一題開始 2B 鉛筆全部畫錯格,此時就算鐘聲還沒響,你也差不多可以起身去報名重考班了,因為你就是白答了,沒人會聽你解釋是畫錯格,先前的努力早已功虧一簣,好比燒焦的菜,沒人會管你食材用多頂級、調味多到位,燒焦的菜就是不能吃。

火候控制在料理上是一門相當高的學問,除了需要知道食材用怎樣的火候、才能展現出最好的口感,也需要對自家瓦斯爐的火候有足夠的掌握度,並且要時時依照食物的狀態去調整火候,總之,燒出一盤口感、口味都恰到好處的料理,是環環相扣的結果,而火候控制是其中最後一個關卡。

在了解怎麼控制火候之前,需要先知道 NG 大警訊跟後續處理建議。

看到鍋子起白煙,是天大的警訊,代表鍋子的溫度太高!

如果你還沒下鍋,那趕緊關火(除非你要煎牛排),把鍋子放涼或是移到濕抹布上降溫,重新確認溫度後,才能把食材入鍋,不然一下鍋,這些東西瞬間就會臭撺搭。

如果東西已經在鍋子裡,那也是趕緊關火,這時通常已經有東西燒焦了,可以先把焦黑的東西挑出,再儘快翻炒鍋中的東西,必要時也可加點水降低鍋中的溫度,不要讓食物同一面持續接觸鍋子太久,不然只會有越來越多東西燒焦。

下一頁,我們先來了解一下各種火候的大小。

Heating
火候強弱

以下是看圖快速了解掌控火候的方法！一般而言，把火轉到10點鐘方向，再適時調整，最安全。

小火 厚而難熟的食物，可先用小火慢煎或慢炸。熟了把再火轉大，讓表層上色。燉東西或煮湯也用小火。

中小火 用水煮東西，像煮水餃，我一般會用中小火。

中火 小家庭分量的快炒料理，用中火最安全。

中大火 炒絞肉，煎薄而易熟的食物，或收乾醬汁時，需用中大火。

大火 煎牛排，蒸或川燙東西，基本上都用大火。

接下來，我想按照煎、煮、炒、炸、蒸五大料理手法，分享火候控制的重點。

1 煎

厚而難熟的食物，像是去骨雞腿排、厚切豬排、魚排、有料的煎蛋（像紅蘿蔔煎蛋就會有點厚）、吸滿蛋液的法國土司等，先用小火慢煎，等中心熟了之後，再轉中大火，讓外層上色，不然很容易外層焦了，裡面還沒熟。

薄而易熟的食物，像是燒肉片、培根、太陽荷包蛋、豆腐等，則可用中火或是中大火煎，讓食物焦香。牛排要用大火煎，待表層煎到焦脆，鎖住肉汁後，再轉中大火續煎，或是移至烤箱。

2 煮

水煮東西，像是煮水餃、餛飩、麵食等，一般我會用中小火，才會讓中心熟透，火太大，很容易煮到皮開肉綻結果料還沒熟。

燉煮東西，像是燉湯、燉肉等，等湯滾了之後，我會轉成小火（鑄鐵鍋因為傳熱性佳，甚至用微火即可）慢燉，湯汁才不會一下就滾乾，成品也比較不會混濁。川燙東西，只是要燙一下表層而已，可以一路用大火。

3 炒

一般小家庭分量的快炒，用中火最安全，因為用小火東西會炒不香，大火太容易焦。

炒的過程可以自行調整為中大火或中小火，主要判斷依據是鍋中食物、水分的狀態。大多時候用中大火是沒有問題的，但若是需要稍微炒一下才能熟的食物，就建議轉成中小火，比較不會燒焦或變太乾。

炒絞肉，需用中大火，才能把油脂逼出、水分炒乾，火太小的話，肉會出很多水，肉腥味會很重。帶有較多醬汁的料理，如三杯雞、紅燒豆腐等，待食材變熟、入味後，可於最後階段把火轉大收乾，讓醬汁水分減少、變濃稠，更能吸附在食物上面。

4 炸

炸物通常都有一定的厚度，像是雞唐揚、炸日式豬排或是雞排，我會等油溫夠熱了（木筷子放入鍋中，周邊會冒小泡泡），轉小火慢炸，確定中心熟了，必要時再把火轉大，讓外層上色、變更酥脆。

5 蒸

若要於鍋中放水蒸東西,除非食譜有特別交代火候,不然基本上都是用大火,裡面才會有足夠的水蒸氣循環,讓食物快速、均勻的熟透。另外提醒,要等水滾之後,才能把要蒸的東西放入。

| 同場加映 | **鑄鐵鍋炊飯火候控制**

很多人用鑄鐵鍋做炊飯,會覺得底部容易殘留許多鍋巴,以我自己長期做下來的經驗,關鍵還是火候控制。先說,鑄鐵鍋本來就不是不沾鍋,在一開始炒料的過程,底部確實有可能會隨著食物焦化而有些物質殘留,但當米跟水放入後,因為鍋中水分充足,底部原本沾黏的東西會在米飯燜煮時逐漸軟化,最後完成時,底部即便有鍋巴,也絕不會太多(如圖示),且容易挖起,事後清洗很容易。

掌握火候的訣竅

1. 第一階段炒東西時,用中小火即可,因為鑄鐵鍋的傳熱性很好,用中小火甚至小火,鍋中的溫度會最適中,不怕把食物炒焦。

2. 若要加肉進去炒,務必確認鍋內的溫度夠高,如果已經炒了其他東西一陣子(像是爆香洋蔥),那就不用太擔心,溫度通常是夠高了,肉可以接著下鍋。但如果是一開始就要先炒肉,那一定要確認鍋子夠熱。可以用手指沾一點水,用指尖彈進鍋中,感覺到水吱吱作響就差不多可以了。鑄鐵鍋夠熱,肉才不會沾黏。

3. 料炒好了,接著放入米與水,務必記得水滾時,就要轉到小火甚至微火(你的瓦斯爐能轉到的最小狀態)燜煮,這樣才不會讓鍋中的水分一下被燒乾,否則底部原本沾黏的東西不但沒機會軟化,連新加入的米都會因為火太大而燒焦了。

知道這些火候控制的大方向後,真實上場時就靠自己時時留意鍋中情況了,大原則是寧可保守點,用中小火料理,也不要一開始就一路催到大火,因為菜不夠焦香都可以把火轉大再補一下,但菜一旦燒焦就無力回天了。多多體會感受一下食物跟火力之間的交互影響吧,會越來越熟練的(幫你握拳)!

Chapter 4
簡單麵打發一餐

有點餓又不是太餓時要吃麵，
忙到沒時間吃飯時要吃麵，
懶得煮飯時要吃麵，
而且重點是，吃到熱騰騰家常麵的快感，
論誰都秒懂。

#01

巷口麵攤好滋味

榨菜肉絲
乾拌麵

| 親子共享 | 快速料理 | 事先做好也可以 |

人生很多東西，非要得不到才知道珍惜，像是榨菜。

說起來好像沒有什麼非吃榨菜不可的時刻，榨菜在五花八門的料理世界中，戲分實在太低了。林姓主婦年輕時，就是一個從來沒把榨菜放在心上（誰會呢？）的女孩，一直到去美國念研究所，實在太想念台灣的家鄉味，某天在華人超市看到榨菜，就像是在陌生的城市突然遇到國小同學一樣，明明過去不熟，當下仍覺得分外親切。那天我用一種招待老朋友的心情，把榨菜帶回家（林姓主婦在美國是沒朋友嗎），沒想到煮來吃之後，發現有股不太自然的藥水味。我真的非常切心，覺得感情被欺騙，怪自己太容易相信人，怎麼隨隨便便就帶了來路不明的榨菜回家！

所謂得不到總是最美，那次之後，我看待榨菜的心情再也不一樣，我知道好吃的榨菜是令人尊敬的，我過去不該這樣輕忽榨菜醃漬人（這樣亂取頭銜對嗎）的專業。那時被困在美國的我，多希望可以從台灣網購榨菜，一解我的相思之愁！後來我暑假回台灣，我媽幫我打聽到一家有名的榨菜，是真空包裝，可以擺放蠻久，我二話不說就託我媽買好幾包要帶回美國，結果一到機場，行李太重過不了，一秤才知道榨菜重達 5 公斤，逼不得已要把一些榨菜拿出來的時候，我天人交戰、心如刀割。

那幾包榨菜，成為我下課後衝回家煮飯的動力，比起湯湯水水的湯麵，我更喜歡乾拌麵，不用調湯頭味道，做起來乾脆俐落，沾了湯汁的麵條鹹香夠味，只要 15 分鐘就可以搞定，那是在異鄉花再多錢也找不到的巷口麵攤好滋味。

RECIPE

食材 | 1 份大碗或是 2 份中碗

- ✦ **3～4 片榨菜**：切絲後，用水泡 10 分鐘。
- ✦ **100g 豬肉絲**：以少許醬油及太白粉醃幾分鐘（利用備料時間醃即可）。
- ✦ **適量小白菜**：切小段。
- ✦ **2 根蔥**：切段。
- ✦ **3 顆大蒜**：拍碎切丁。
- ✦ **1 根辣椒**：切丁（若不吃辣可省略）。

調味料

- ✦ **2 小匙醬油**（醃肉分量以外）

其他

- ✦ **100ml 水**

作法 | 不含前置作業時間約 15 分鐘

① 以少許油熱鍋後，加入大蒜爆香。
② 加入肉絲拌炒至表層熟。
③ 加入榨菜及蔥段拌炒。
④ 待榨菜炒軟，加入白菜、醬油及水，轉小火煮到白菜軟、且醬汁微滾，加入辣椒拌炒後起鍋，鋪在煮好的麵條上，即完成。

TIPS

✓ 煮榨菜前務必要泡水，把多餘的鹽分洗去，不然味道會非常死鹹，若想要縮短浸泡的時間，可以用手搓揉榨菜，並且多換幾次水。

實而不華的家常味

雪菜豆皮肉末麵

雪菜豆皮肉末，是個實而不華的家常美味，之所以說它不「華」，是因為雪裡紅的顏色蠻黯淡的，若不是炒了一點辣椒有點畫龍點睛的效果，不然整盤看起來簡直像沒有血色又不化點妝的女人。但它很「實」，因為料理上超級方便快速，先做好一小鍋，多的可以冷藏起來當常備菜，無論是要拌飯、拌麵、加點高湯變成湯麵，甚至是拿來包饅頭，滋味都好極了，你怎麼能不愛上它呢！

| 親子共享 | 快速料理 | 事先做好也可以 |

食材 | 4～5 人份

+ **200g 豬絞肉**
+ **適量雪裡紅（跟豬絞肉的比例約為 1：1）**：泡水約
  10～20 分鐘備用。
+ **2 片生豆皮**：剝成小塊（也可用百頁豆腐丁，直接省
  略也可以）。
+ **3～4 顆大蒜**：切碎。
+ **適量紅辣椒**：切碎。

調味料

+ **1 大匙醬油**
+ **1/4 茶匙鹽**
+ **少許香油**

作法 | 不含前置作業時間約 15 分鐘

① 以適量油熱鍋後，爆香大蒜。
② 加入豬絞肉，以中大火拌炒至表層變白。
③ 加入雪裡紅、豆皮拌炒約 1～2 分鐘，接著放入辣
   椒、醬油跟鹽，淋上少許香油，拌炒均勻後，即完
   成。

TIPS

✓ 若用肉絲，可以用少許醬油跟太白粉醃 10 分鐘，會比較入味。

✓ 這個作法的肉末是乾的，沒有什麼醬汁，若想要吃乾拌麵，可多加 1 小匙醬油跟少許水，
  讓肉末帶點醬汁，拌麵會比較好吃。若是想拿來拌飯、或是做成湯麵，這個作法的味道就
  蠻夠的（因為雪裡紅也會鹹），不需要多加醬油做醬汁，大家可以依個人口味調整。

家徒四壁也做得出來

麻 香 蔥 油 乾 拌 麵

親子共享 ｜ 快速料理 ｜ 事先做好也可以

我想很多家中有小屁孩的媽媽都會認同，買外食的時候，究竟要點多少，實在是個過度深奧的問題，令我們難以決定。因為小孩天生擁有一個捉摸不定的靈魂，就算他們已經會講話了，也不代表他們說話會算話，出爾反爾、反覆無常似乎是他們人生這個階段努力的目標。

這種情況在買便當時可是特別苦惱，因為便當就一個一個賣。有時看我兒子在外面跑跑跳跳一上午，估計他午餐會大吃一頓，大手筆買了兩個便當，結果他吃得沒我想像的多。或是他早餐已經吃了不少，午餐只買一個便當，沒想到他可能因此感到物以稀為貴的道理，猛跟我搶著吃。

雖然我不是走阿信路線的媽媽，但還是會發生那種好料都被兒子搶去的憾事，我只能吃一些以前根本不屑一顧的配菜，像是香腸片或蘿蔔乾。反正小孩的食量跟食慾就是很奇怪啦，我想就算出動國師唐綺陽（就是唐立淇，她改名了說）來算也沒用啦。

還好把兒子送去睡午覺之後，我有一個可以自救的空檔，有天我便當又被兒子吃掉，下午血糖過低發抖著，想要快速弄點東西吃，突然想起我曾說過的至理名言「留著青蔥在，不怕沒菜燒」，於是拿出冰箱裡那一把蔥，劈哩啪啦做了麻香蔥油，煮麵拌下去，天啊真是好吃死了。

我說家徒四壁也做得出來絕對不誇張，食材部分只需要一大把蔥跟幾片薑，其他就是靠一些基本調味料，簡單用油爆香就會香氣四溢，風味十足，就是很單純的好味道，非常適合讓媽媽在下午這種快要餓死、但又不能吃太飽的時候來一碗。

多做的蔥油冰起來可以放好一陣子，臨時想吃宵夜，或是想要簡單吃的時候，都非常方便！大家說，我是否應該去競選青蔥協會總幹事呢（手捧一大把蔥拍競選沙龍照）。

食材 | 4～5 人份

✦ **5 根蔥**：洗淨後用餐巾紙將水分擦乾，再切細段（蔥若太多水，爆香的時候會噴油）。
✦ **1 小節薑**：切細末。

調味料

✦ **1/2 茶匙鹽**
✦ **適量白胡椒鹽**

其他

✦ **3 大匙麻油**
✦ **5 大匙食用油**

作法 | 不含前置作業時間約 10 分鐘

① 將蔥段、薑末、鹽及白胡椒放在碗中，攪拌均勻。
② 鍋中加入麻油及食用油，開火熱至中溫（略為產生油紋即可，不用到高溫，不然蔥很快就焦），放入蔥花，讓蔥花在油中以小火煮約 1 分鐘，蔥油即完成。在煮好的麵條上面，淋上少許醬油跟蔥油，拌一拌就可以吃囉。

TIPS

✓ 麻油太多的話，吃起來會有點苦，所以我才抓這個比例，自己覺得非常完美（摸臉），麻油香得恰到好處！

不動刀也能完成的料理

番茄
沙茶肉醬麵

| 親子共享 | 快速料理 | 事先做好也可以 |

身為天天拿刀的女人，我的刀工其實很爛，要切薑片時，都會不禁感到緊張而出現提肛的動作，畢竟薑又粗又硬又圓又長（這形容怎麼歪掉），我切的時候不全神貫注，它只要滾一下我就切到手了。

所以不要以為在廚房打滾多年，就會練得一手好刀工，料理節目主持人的刀工一定是後製的（咬牙切齒），就算他們真的很會切好了，我就不信旁邊有小孩在鬧，他們還能好好切。

像我曾因為被兒子弄到分神，在一週內切到三次手，而且我的刀才剛磨過（冷風吹過），那瞬間我真是覺得還好上帝創造人類時，有給我們指甲，不然我左食指早就被切光了。

那幾天手半殘，還好我在絕境中找到不動刀也能完成的料理，就是番茄沙茶肉醬！絞肉不用做任何處理直接就可以下鍋，使用小番茄，更是省去切塊的麻煩，另外再加蔥跟蒜即可，用剪刀跟壓蒜器處理就好。

沙茶吃多了還是會有些膩口，搭配番茄整個就是完美，香而不膩，拿來拌麵或是拌飯都超好吃。這是一個勵志的故事，就算沒有刀，也能做好料理的！

RECIPE

食材 | 2～3 人份

+ **150g 豬絞肉**
+ **10 多顆小番茄（或 1 顆牛番茄）**
+ **2～3 顆大蒜**：切細丁，若手跟我一樣廢了，就用
  壓蒜器處理。
+ **2 根蔥**：切細段。

調味料

+ **2 小匙沙茶醬**
+ **2 小匙醬油**
+ **1 大匙米酒**

作法 | 不含前置作業時間約 15 分鐘

① 以少許油熱鍋後，加入大蒜爆香。
② 加入豬絞肉，以中大火拌炒至熟。
③ 加入小番茄及蔥花，轉中小火拌炒至番茄變軟、水
　分流出。
④ 最後加入沙茶醬、醬油、米酒，拌炒 1～2 分鐘，
　即完成。

TIPS

✓ 若使用壓蒜器，壓出的蒜泥很細，不適合一開始直接入鍋爆香，會馬上臭揮搭，可調整到
　絞肉熟了之後，再加入，香氣一樣會被炒出來。
✓ 事先做好也可以，指的是肉醬的部分。

#05

令人懷念的古早味早餐
古早味肉燥麵

親子共享 │ 快速料理 │ **事先做好也可以**

國中時期，林姓主婦舉家從台北搬到台中，年紀輕輕的我還不曉得，台灣就那麼小小一個，換個城市飲食文化竟然有如此大的差異。像台中人道地的早餐，竟然是台式炒油麵配豬血湯或是大麵羹，我總覺得早餐這樣吃有點油膩吧，但住了幾年後，我也逐漸融入了，上學前包一碗羹麵是相當合理的行為。

還有一樣東西對台中人的飲食意義重大，就是「東泉辣椒醬」，我很多台中朋友出國念書一定會帶去。雖叫辣椒醬，但口味比較像是甜辣醬，無論是吃炒麵、蛋餅、蘿蔔糕等，都可淋一圈，是台中家鄉味的最佳代表！

東泉辣椒醬過去不太好買，但近年似乎有走出台中的跡象，因為我竟然在北部的超市就看到有賣，當時沒多想就買了，像是買個回憶，回家後便滷了一鍋古早味的肉燥，肉燥麵煮好後，再淋一些東泉，吃下去我還真以為自己回到 15 歲那年。

我第一本食譜書有介紹過香菇肉燥，而這次所謂的「古早味」，主要差別是油蔥酥、五香粉的味道會比較明顯，而且口味會再甜一些。這是很簡單的一鍋肉燥，連切香菇的功都省了，拌麵、拌飯、淋在燙青菜上，都可以，吃起來就像是巷口麵攤那樣令人感到親切熟悉，連吃兩、三天都不會膩啊～

RECIPE

食材 | 4～5 人份

* **300g 豬絞肉**
* **6～8 塊油豆腐**
* **3～4 顆蛋**：以滾水煮 8～10 分鐘，冷卻剝殼備用。
* **5 顆紅蔥頭**（用蒜頭也可以，但紅蔥頭作法才正統）：切丁。
* **1 大匙油蔥酥**

調味料

* **3 大匙醬油**
* **3 大匙米酒**
* **1 小匙冰糖**
* **1 小匙五香粉**
* **1 小匙白胡椒粉**

其他

* **300ml 水**

作法 | 不含前置作業時間約 40 分鐘

① 於鍋中放入少許油，冷鍋冷油時直接放入紅蔥頭，慢慢隨著油溫升高爆香。

② 放入豬絞肉炒，以中大火炒至熟。

③ 放入所有調味料，跟絞肉拌炒均勻後，再加入油蔥酥稍作拌炒。

④ 放入水，煮到微滾後，將油豆腐及水煮蛋放入，以小火燜煮 30～40 分鐘，待油豆腐及滷蛋入味，即完成。

TIPS

✓ 油豆腐不小心會變太鹹，滷一半的時候可以試一下味道，若夠鹹了就先取出，再繼續滷蛋。

只有小小廚房的租屋族
也能駕馭

麻辣肉醬

| 親子共享 | 快速料理 | 事先做好也可以 |

某天我剛外派去東京的好友丟我訊息，跟我說她週末從我的食譜裡挑了菜做，話只講到這，就開始丟照片過來。在等照片開啟的那幾秒，我異常緊張，因為我感覺她是要傳一些暗黑料理照跟我究責，不過呢，在看到照片後，我寬心了，我知道那不是我的問題（攤手）。首先，她想要炒米粉，但買成冬粉。緊接著她傳了流理台的照片，單口爐，上面只有一個小小的平底鍋，想跟我表達她的東京廚房環境多克難。我看完很嚴正的跟她說，她想要用那個小平底鍋炒米粉實在太狂了，就算炒了也是 3/4 在外面，這次誤弄成冬粉是一種小幸運。

對大城市的租屋族而言，有這樣的小廚房蠻普遍，要開伙不是不可能，只是需要有些策略。像用單口爐，找可以一鍋到底的食譜才省時。如果備料檯面很小，善用絞肉料理才是明智之舉，省去處理時所需要的空間。最後，一個人隻身在外，不見得會天天回家吃飯，所以要做，就做能分裝冷凍的，才經濟實惠又實用。

為了解救她，特別分享這道麻辣肉醬，以上條件全都符合，完全適合租屋族，且很百搭萬用。混一些豆腐，就變成麻婆豆腐，或是煮碗蔬菜湯麵，淋一些肉醬，當場肉香四溢，這肉醬甚至淋在蒸蛋上都可以。別再因為選錯料理讓自己在廚房生悶氣了！試試這道吧！

食材 | 4～5 人份

- **300g 豬絞肉**
- **2 根蒜苗或 4～5 顆大蒜**：切細丁。
- **3 片薑**：切細末。
- **2 根小辣椒**：切細丁。

調味料

- **2 大匙醬油**
- **2 大匙辣豆瓣醬**
- **1 大匙紹興酒或米酒**
- **2 小匙花椒粉**

其他

- **200ml 水**

作法 | 不含前置作業時間約 15 分鐘

① 以少許油熱鍋後，將蒜苗（或大蒜）、薑、辣椒放入爆香，先起鍋。

② 同一鍋，不用補油，直接將豬絞肉放入，以中大火炒至熟。

③ 將蒜苗、薑、辣椒放回鍋中，加入所有調味料及水，以小火燉煮約 5～10 分鐘，讓肉入味，
即完成。

TIPS

✓ 辣度可隨意調整，但辣豆瓣醬加多會影響鹹度，要酌量。愛吃辣花椒粉就可以多加。

✓ 蒜苗（大蒜）、薑、辣椒先起鍋，主要是避免跟肉一起繼續炒，會焦掉。

✓ 絞肉油脂很豐富可以乾炒，而且火要調到中大，把油脂跟水分逼出來再炒乾，才不會腥。

✓ 蒜苗很細長，若想要切細丁，技巧是先縱切幾刀，讓蒜苗變細條狀，再橫切成丁。

✓ 花椒粉是讓這個肉醬「麻」的關鍵，不加會少掉很重要的一味。

外省麵店特有好滋味

木須炒餅

| 親子共享 | 快速料理 | 事先做好也可以 |

林姓主婦旅行時若有機會買到當地特有的食材、調味料或是土產，我會出現一種「現在不買，要待何時」的購物狂心態，腦波很弱開始掃貨。

對此行徑，我是還蠻理直氣壯的，因為食物總是會吃掉（吧），調味料也總是會用掉（吧），何況這些食物可不是到處都有，不買剛丟？！總之在那個 moment 我就是會過不去，而且特別怕之後想吃也買不到，不斷跟老闆追加數量，買越多越安心。

好啦不過坦白說，亂買食物也是一種惡習啦，我就曾經在餐櫃裡發現過期 3 年的日本麵條、或是早已結塊的七味粉，因為東西再好吃，連續吃幾次也是會膩咩，一膩就先擱著，結果一擱就好幾年我有什麼辦法（毫無檢討能力）。

像之前去宜蘭玩，我沿路就猛找鴨賞跟蔥油餅，我老公應該一邊幫忙查，一邊放假消息說附近都沒有吧，很怕我又把自己當中盤商大肆進貨。但老天不負苦心人，我們離去前再去吃一攤蔥油餅，竟然被我看到老闆有賣冷凍包，當場我又扛了一袋回家！

為了讓自己行為合理化，這次我非常積極消耗掉這批蔥油餅！短時間一直煎來吃太容易生厭，有天我便拿來做成木須炒餅，還順便把冰箱的剩菜清一清，另外再煮個康寶濃湯酸辣湯，這一餐根本是外省麵館才有的組合呀！好吃到兒子一口接著一口，一家三口超滿足。結果這次我太快把蔥油餅吃完了，意猶未盡，嗯，來搵老闆宅配個 50 片給我好了（誰來把我的手打斷！）

153

食材 | 2～3 人份

- **2 片蔥油餅**：先煎至兩面焦香，切粗條狀備用。
- **100g 豬肉絲**：以少許醬油及太白粉醃 10 分鐘。
- **適量高麗菜**：剝小片。
- **1/2 根紅蘿蔔**：切小片。
- **2 顆蛋**：打成蛋液。
- **適量黑木耳**：切絲。

調味料

- **2 小匙醬油**
- **少許香油**
- **適量白胡椒鹽**
- **少許烏醋（可省略）**

作法 | 不含前置作業時間約 20 分鐘

① 以適量油熱鍋後，將蛋液放入，炒成塊狀後先取出。

② 同一鍋，補一些油，將肉絲放入炒至表層熟。

③ 接著放入高麗菜、紅蘿蔔跟黑木耳，拌炒至高麗菜變軟後，加入 2 小匙醬油及少許香油，把調味料拌勻後，放入煎好的蔥油餅及蛋，灑上適量白胡椒鹽及烏醋，再略作攪拌即完成。

TIPS

∨ 我是使用木須炒餅比較常見的食材，但其實這可以是一道清冰箱料理，蔬菜種類不用太拘泥，像是改用大白菜、娃娃菜、小白菜、豆芽菜、洋蔥等，都無妨。

∨ 青菜的量可隨意加，醬油適度增減即可。

∨ 料炒好後就先加醬油，是因為蔥油餅已經有鹹，不需要額外的醬油調味，加醬油的重點是要讓青菜有味道。

∨ 最後才灑白胡椒鹽，蔥油餅才會沾到味道，比較香。

#08

一碗讓冰箱能呼吸的麵

大滷麵

| 親子共享 | 快速料理 | 事先做好也可以 |

這道麵食也是我清冰箱時經常使出的招數,如果你跟我一樣,剛好家裡有吃了大半,但還剩一節在那邊讓人覺得礙眼的大白菜、快要黃掉的蔥、還有始終用不完的紅蘿蔔,那你不如做鍋大滷麵一次把他們用掉,給冰箱一點呼吸新鮮空氣的空間。

你另外只要再弄一些豬肉絲跟木耳,起鍋前打個蛋花就搞定,木耳大概是裡面比較少用到的食材,但沒有的話就算了,沒加木耳只是少一個顏色,吃起來口味沒什麼差別,千萬別忘了我們是為了清冰箱才做大滷麵,如果為此還刻意跑去買了一大盒木耳,那不就枉然了(右手背拍左手心)。

啊當然並不是說人家大滷麵只有在清冰箱的時候才值得出場,它其實是一道簡單又營養豐富的家常麵,很忙的時候煮一鍋,全家很快就吃到撐準備剔牙了,不但冰箱被清空,連主婦的心都可以放空休息一下啊~

RECIPE

食材 | 2～3 人份

+ **100g 豬肉絲**：以少許醬油及太白粉醃 10 分鐘。
+ **適量大白菜**：切細段。
+ **適量紅蘿蔔**：切細段。
+ **2～3 根蔥**：切段。
+ **適量木耳**：切絲。
+ **1～2 顆大蒜**：切碎。
+ **1 顆蛋**：打成蛋液。
+ **適量白麵條**

調味料

+ **2 小匙黑醋**
+ **1 小匙醬油**
+ **1/4 茶匙鹽**
+ **1 小匙香油**
+ **適量白胡椒**

作法 | 不含前置作業時間約 15 分鐘

① 以適量油熱鍋後，加入大蒜、蒜白及紅蘿蔔絲爆香。
　此時可準備另一鍋熱水煮麵。

② 待紅蘿蔔絲炒至略軟，加入豬肉絲炒至熟。

③ 加入大白菜絲、木耳絲及蔥綠。炒至大白菜開始出
　水後，加入適量滾水，以小火再煮數分鐘，將大白
　菜煮軟，即可放入所有調味料，最後打蛋花，再將
　煮熟的麵條放入，即完成。

06

懶人青菜料理法

台灣的夏天就是走一個不留條生路給主婦的路線，我準備晚餐的時間雖然已經傍晚，但悶熱的程度還是讓我光站在廚房備料，瀏海就濕到變條狀，若開火炒東西，站在爐前隨便揮幾下鍋鏟我就氣到很想發脾氣，要不是為了餵飽兒子，不然老娘還真是不甘願當活體烤肉串在那邊被折磨。為了讓自己煮完飯還能笑著吃完，我會盡可能減少在爐前罰站的時間，青菜每天都要煮，就盡量不用炒的，改以蒸、燙或是烤的方式完成，這樣我就至少可以少噴汗 3～5 分鐘，很值得的！以下是我很常使出的十種懶人青菜料理法，口味變化其實蠻豐富的，輪著吃不會太快膩。

1 拌鵝油

鵝油可以拿來拌各種蔬菜，我自己比較常做鵝油高麗菜，把高麗菜洗淨切好後，就丟進大同電鍋蒸，蒸好後再淋上適量鵝油跟少許鹽，吃起來就像麵攤的口味，非常美味。鵝油我習慣買 LE PONT 的，不要看它一臉潮樣，其實是來自高雄市仁武區的老字號「橋邊鵝肉店」，這油蔥酥雖然泡在油裡，吃起來卻一點油耗味也沒有，而且還是酥的，相當神奇，值得購入。

2 拌干貝 XO 醬

我比較常用來拌高麗菜、娃娃菜或白菜，一樣是蒸好再拌入，有點港式的 fu，是很清爽的口味。

3 拌乾的油蔥酥＋橄欖油或茶油＋少許鹽

什麼醬都沒有的時候，我會直接在燙青菜上灑一把乾的油蔥酥、淋少許油跟鹽，這樣拌一拌就很好吃不油膩，像是大陸妹、小白菜、空心菜這類很常見的青菜都可以。

4 拌芝麻醬＋柴魚片

菠菜、四季豆、龍鬚菜、花椰菜、秋葵，都很適合燙熟後淋上日式芝麻醬，灑一點柴魚片的話口感更豐富。

5 跟破布子、薑絲一起蒸

這是我在餐廳吃到的口味，它是在高麗菜上淋適量破布子（鹹度要注意），再放點薑絲，用電鍋蒸熟之後會變得非常好吃。

6 淋蒜末醬油

在醬油膏裡拌點蒜末，再淋一些油，淋在燙青菜上面就會變得香氣四溢，在夏天聞到這個蒜香會整個清醒過來，我特別常用這個調味來拌地瓜葉。

7 拌油蔥酥醬

去客家老街的話，很容易看到路邊有攤販在賣油蔥酥醬，是把油蔥泡在豬油裡那種白白的固態醬，超市也會賣。在燙好的青菜上淋一匙油蔥酥醬，就會香到讓人食指大動了。

8 拌肉燥

若有做香菇肉燥或是古早味肉燥，可以先分裝冷凍幾份起來，燙青菜時把肉燥熱一熱淋上去，連燙青菜都香到讓人搶著吃。

9 灑烹大師

真的真的很懶的時候，我煮菜時會直接灑一點烹大師，像美式生菜、大陸妹這種比較薄脆清甜的蔬菜，或是四季豆，都很適合。

10 烤時蔬

用大烤箱烤時蔬，也是一種非常輕鬆省事的作法，比較適合烤的蔬菜包括花椰菜（綠的跟白的都可以）、櫛瓜、甜椒、蘑菇、茄子、玉米、玉米筍、蘆筍、小番茄、四季豆，只要在蔬菜上灑點黑胡椒、海鹽跟淋上適量橄欖油，用手把蔬菜拌一拌，再丟進烤箱烤到熟透，就會非常好吃。

Chapter 5

沒關係拚一下，
因為
是好日子啊～

有新意又不至於太麻煩的料理，
最適合在特別的日子做來吃，
只要比平常花多一點點的時間準備，
就可以跟家人朋友得到破錶的享受，
很值得啊。

跟孩子一起大口啃肉吧

日式南瓜漢堡排

| 親子共享 | 快速料理 | 事先做好也可以 |

林姓主婦超級愛吃日式漢堡排 der，每次到日本有機會的話一定會吃個一、兩次才甘願。但台灣賣日式漢堡排的餐廳好像不多哩，曾經吃過的幾家後來不是倒了就是停賣，這東西在台灣有那麼沒人緣嗎！是不是大家覺得漢堡應該要夾在麵包裡，拿來配飯有點奇怪？難道只有林姓主婦深受日式漢堡排的魅惑嗎？（真心問大家）。

因為太想吃了，三年前我有嘗試在家做漢堡排，實不相瞞，成果不太理想，此後漢堡排在我心中跟難搞畫上等號。但不得不說，這是一道會讓大人小孩都很愛的親子料理，我一直想要再次挑戰。

終於拖到我兒子兩歲這一天，我想說牛絞肉也冷凍一陣子了，然後南瓜怎麼一天到晚來我們家有完沒完（不就是你自己買的嗎），牛奶又快過期了，櫃子裡竟然還剛好有一包麵包粉，這根本上天要我做漢堡排的旨意，兒子兩歲的生日大餐就是南瓜漢堡排啦！

這次我做足了功課，融合之前所學取的教訓，總算做出口感細膩、充滿肉汁及洋蔥香甜的漢堡排，加了南瓜更是讓肉排綿密濕潤，吃一整塊也不會膩，我那高拐兒全部嗑完就是最好的證明！掌握好訣竅，漢堡排一點都不難，一次多做些，用保鮮膜冷凍起來，忙的時候拿出來解凍煎熟，配個蔬菜就是媲美日式餐廳定食的一餐，主婦們一定要學起來！

RECIPE

食材 | 6 個漢堡排（成品1個約150g，直徑8公分、厚3公分，可作為大人1份主菜）

- **500g 牛絞肉**
- **1 顆洋蔥**：切細丁（越細越好，TIPS 有說明原因），以適量油熱鍋，將洋蔥丁拌炒至微焦黃後取出，放涼備用。
- **200g 南瓜**：去皮切丁，外鍋加 1 杯水蒸軟後取出，放涼備用。

  南瓜可用地瓜取代，直接省略也可以。

- **5 大匙牛奶**
- **5 大匙麵包粉**：泡入牛奶（也可用果汁機把吃剩的土司打碎來使用）。
- **1 顆雞蛋**

調味料

- **5g 鹽巴**：若以 5ml 的小量匙來裝，約 1 尖匙。
- **適量胡椒鹽**

作法 | 不含前置作業時間約 30 分鐘

① 將鹽巴加入牛絞肉中，以手用抓捏的方式，把鹽拌勻，至牛絞肉質地變細緻，產生黏性（差不多花 2 分鐘），最後放入適量黑胡椒再拌勻。
② 將所有食材放入牛絞肉中（南瓜丁、洋蔥丁、麵包粉、雞蛋），混和均勻。
③ 於盆中以手約略切成 6 塊，用手取出，在兩手掌間甩肉排，感覺肉排變緊實後，整成圓形，在中心稍微壓一個凹洞。
④ 以適量油熱鍋，將帶有凹洞的那一面朝上，放入鍋中，以小火煎 2 分鐘。
⑤ 底部表層微焦後，小心翻面（此時肉排還很軟，最好雙手各拿一個鏟子輔助翻面），再以小火煎 1 分鐘，蓋上鍋蓋，轉最小火，燜煎 8 分鐘後，打開用鍋鏟按壓肉排表層，若旁邊沒有流出血水，代表中心已熟，即完成。

TIPS

✓ 一般漢堡排，會採取牛跟豬絞肉 7：3 的比例，這樣肉的油脂比較剛好，不會太油或太乾。但我家剛好沒有豬絞肉，我想說既然加了南瓜，應該可以中和牛絞肉的乾澀，成果果然超多汁！如果不打算用南瓜的話，就建議還是依比例加豬絞肉喔！

✓ 我三年前失敗的其中一個原因，就是洋蔥丁切得不夠細，導致無法被包覆在肉排裡，洋蔥丁明顯外露，肉汁也因此從縫隙中流失。所以洋蔥要盡量切細一點，才不會有這個問題。

✓ 如果你跟我一樣刀工欠佳又怕硬切手指會不見，可以用食物調理機的切碎盆處理方便很多。

✓ 我之前失敗的另一個原因，就是不知道鹽要加多少，現在知道一個很明確的標準，就是加肉的 1%。譬如我的牛絞肉是 500g，我的鹽巴就用 5g，成果的鹹度非常剛好，味道很夠，我雖然有隨便做了一個醬汁淋上去，但吃了之後覺得完全不需要，大家就不用浪費時間做醬汁了。

✓ 南瓜跟洋蔥丁務必放涼再拌入牛絞肉，畢竟人家是生的。

✓ 把鹽先放入牛絞肉抓至有黏性是讓肉排好吃的關鍵，不要把鹽巴跟其他食材一次混入。

✓ 在肉排中央壓一個凹洞，是讓中心比較好熟，而且肉受熱後會鼓起來，看不出來曾經有個洞。不過保險起見，我會把凹洞在入鍋時先朝上，這樣翻面之後，凹洞那面就會朝下，無論如何都不會影響賣相。

✓ 要特別注意火候控制，全程用偏小的火煎就好，不然很容易臭揮搭，最後燜煎的階段，更要記得調到最小火，底部才不會焦掉。

令人吮指回味的美味

檸檬羅勒
香煎雞腿排

| 親子共享 | 快速料理 | **事先做好也可以** |

每年天氣轉熱的時候，我會去花市買一些料理常用的香草回家，羅勒跟九層塔都是我必買的品種。雖然我總會買羅勒，但在台灣，必須說這是屬於九層塔的主戰場，炒三杯雞或是塔香蛤蠣之類的台式料理都會用，我常常覺得九層塔快要被我剪到禿了，它也長得太慢了簡直恨鐵不成鋼。

此時若我把眼光掃向羅勒，就會覺得它怎麼日子過得挺清悠的，茂密油亮一大株這樣，好像以為來我家是當客人是吧。其實這也是因為我比較少煮西式料理啦，想一想也不能怪羅勒（本來就不能毫嘛）。

這次趁剛把羅勒買回家，它狀態最美好的階段，我就先給它一個下馬威，一口氣剃了1/3的頭髮，做了一小罐青醬，抹在煎到酥脆的雞腿排上，真是香死我了。

我做的青醬有點不一樣，是檸檬口味的。一般做青醬都會加少許檸檬汁，但那是為了要防止羅勒氧化變太黑，吃的時候是感覺不出來酸味的，但我就是個很愛把檸檬用在料理裡的女人，刻意把檸檬味道弄重一點，吃起來爽口又充滿羅勒香氣，是另一種層次的享受喔！不過話說回來，我九層塔不夠用的話，也是可以找羅勒上場啊，我之前幹嘛一直逼九層塔啦！看來今年羅勒在我家日子可沒那麼好過囉（冷笑舔剪刀）。

RECIPE

雞 腿 排

檸 檬 青 醬

食材 | 2 人份

+ **2 片去骨雞腿排**
+ **少許麵粉（各種麵粉都可以）**

調味料

+ **適量鹽及黑胡椒**

食材 | 2 ～ 3 人份

+ **40 ～ 50g 羅勒**：去掉粗梗，洗淨擦乾後的重量。
+ **100ml 初榨橄欖油**
+ **5 顆大蒜**
+ **50ml 檸檬汁**
+ **適量帕馬森起司粉**：我不愛起司，所以沒加。

調味料

+ **適量鹽及黑胡椒**

作法 | 不含前置作業時間約 30 分鐘

① 以食物調理機或果汁機，將檸檬青醬所有食材及調味料放入，打成醬備用。

② 在雞腿排兩面灑上適量鹽及黑胡椒，再沾上一層麵粉備用。

③ 以適量油熱鍋後，放入雞腿排，以中小火煎至兩面金黃，即可取出。吃的時候在上方淋上檸檬青醬，或是直接用沾的，都可以。

TIPS

✓ 用九層塔也可以。

✓ 若沒有特別喜歡檸檬的酸氣，可以自行減少為 1/3 ～ 1/4 顆檸檬的量，不用擠到 50ml，吃起來就會像一般的青醬。

✓ 一定要用初榨橄欖油，其他油都不適合。

✓ 這樣的分量，青醬做出來大概 120ml，配兩份雞腿排吃完還會剩，可以冰在冰箱約一週，拿來抹麵包、拌義大利麵、做沙拉都超棒。

✓ 啊，一般還會加堅果進去打，像是松子，但我沒有，就沒加，你可以加一下（很熟膩）。

✓ 剛打出來的青醬，因為還沒有氧化，看起來就像照片中那樣，是有點乳乳的綠色，但接觸空氣一陣子，就會慢慢變成深綠色了，不是因為我有加比較多檸檬汁，才看起來這樣嘿。

✓ 事先做好也可以，指的是青醬的部分，這先做起來，其實煎雞腿排很快，一下就上菜了。

老公的生日大餐

日式豬排咖哩烏龍麵

林姓主婦真是勞碌命，兒子跟老公的生日只差一週，才幫兒子做完生日大餐，在沙發上屁股都還沒坐熱，赫然發現我老公的生日竟然手刀在後頭追上來！

說到過生日，我心中其實有蠻多委屈的，因為我是個在夏天出生的女孩，這代表兩件事，一是我的生日在暑假，平常一天到晚幫同學們過生日，結果輪到我的時候大家卻鳥獸散，就是我學生時期的人生寫照。再來就是我生日經常會遇到颱風，不知道有多少年，約好的攤因為颱風來而臨時取消，更慘的是有一年還我家停電，困在家不能看電視、上網就算了，還悶熱到汗如雨下，那時我真的覺得夏天出生的孩子為何命那麼苦。

生了孩子後我徹底看開，帶包鹹酥雞去好友家抬槓兼慶生就覺得心滿意足，可見我現在把過生日這件事情看得多麼雲淡風輕啊（盤腿坐在浮雲上）。說這些，只是想要塑造林姓主婦是個嫻淑好女人的形象，就算自己生日過得很簡單，還是會認真幫老公、兒子煮生日大餐的！

我老公是個非常愛吃咖哩的人，今年就做日式豬排咖哩烏龍麵讓他歡喜一下吧！這是我第一次在家裡炸日式豬排，沒想到出奇的簡單，不用任何前置準備，用鹽、胡椒簡單調味、裹著蛋汁、麵包粉的豬排，入鍋就會被炸到金黃蓬鬆，切開時聽到那窸窸窣窣的聲音真的超級療癒，我渾身都酥麻了起來。把豬排鋪在麵上，沾著咖哩的豬排，依舊酥脆，在湯裡泡一會兒的話，咖哩包覆著麵衣，嚐起來又是另一番濃郁滋味，週末的夜晚，絕對會讓你覺得不上餐館也一樣嗨！

咖 哩 湯 麵

食材 │ 2 人份

+ **1/2 顆洋蔥**：切細段。
+ **1 顆馬鈴薯**：去皮切塊（不要切太小，不然煮一煮會不見）。
+ **1/2 根紅蘿蔔**：去皮切小塊。
+ **2 份日式烏龍麵**：我是使用急凍熟麵。

調味料

+ 咖哩塊半盒：我是用一般超市就有賣的 House 爪哇咖哩塊，1 包有 2 小盒，我用其中 1 盒。

其他

+ 柴魚昆布高湯 **1200ml**：若沒有，用水也可以。

炸 豬 排

食材 │ 2 人份

+ **2 片豬里肌肉排**：厚度約 1 公分。
+ **1 顆雞蛋**：打成蛋汁。
+ 少許麵粉（各種麵粉都可以）
+ 適量麵包粉

調味料

+ 少許黑胡椒及鹽巴

作法 | 不含前置作業時間約 40 分鐘

① 以少許油熱鍋，放入洋蔥炒至透明後，加入馬鈴薯
　及紅蘿蔔稍作拌炒，接著倒入高湯，以小火燉煮約
　20 分鐘。

② 利用此等待時間處理豬排，步驟依序如下：

在豬排兩面灑上少許黑胡椒及鹽巴
▼
灑上薄薄的麵粉
▼
沾滿蛋汁
▼
裹麵包粉，過程用手稍壓一下讓麵包粉充分裹上
▼
再沾一次蛋汁
▼
再裹一層麵包粉

③ 在鍋中倒入約 1.5 公分深的油，熱油時可丟少許麵
　包粉入鍋，測試溫度，若有酥炸中的感覺，就代表
　油溫差不多，可將豬排放入，以小火煎至兩面金黃
　色，取出瀝乾。

④ 將咖哩塊放入湯汁中，攪拌均勻，把烏龍麵放入煮
　軟，最後把豬排鋪上，即完成。

TIPS

✓ 肉排要帶有一點厚度，1 公分我覺得蠻剛好的，吃起來有豬排的厚實口感，在家自己炸，又
　不用怕太厚不好熟。一般超市大概不會賣這種有點厚度的，我是在百貨樓下的超市買的，
　可以的話去市場請肉販切也行。

✓ 我買到的肉排剛好完全沒有筋，若有筋的話，需要用刀把筋切斷，不然炸的時候會捲起來。

✓ 我的肉排沒有特別厚，就不需要拍打，若買到的超過 1 公分，可以拍一拍，比較好熟。

✓ 大概很多人會問，怎麼知道肉熟了。我自己的心得是，只要油溫不要過高（麵包粉一丟下
　去馬上揮搭，就是過高），全程以小火煎，讓肉排以緩慢但是穩定的速度加熱，這樣等
　到外層變成金黃色時，中間也熟了。可以參考照片中肉排在炸的時候，周邊冒泡的感覺。

酸甜酥脆一次到位的好滋味

日式南蠻雞腿排
佐塔塔醬

號稱日本最美的書店「蔦屋書店」（TSUTAYA BOOKSTORE）
2017 年到台北開了第一家店。說到蔦屋書店，林姓主婦深深覺得好
家在幾年前、在我生小孩變黃臉婆之前，就已經去過他們東京本店
狠狠給他逛了一晚，那時逛書店時多麼隨性清悠，跟現在的生活一
比真是一多想就怕流下淚來。

生了孩子之後，我連帶兒子好好逛個超市都充滿挑戰，經常推著推
車在超市裡快步衝刺，因為再不買完我兒子就要跳車出去柳！他這
個樣子更別說要陪我在書店安安靜靜地挑書了！蔦屋書店偏偏就要
在我當媽之後才進駐台灣，但我能怪誰呢只能怪自己太早當媽了
（明明都三十好幾了一點都不早毫嗎）。

他們剛開幕時，我趁把兒子丟包給公婆的時候跑去蔦屋想要一探究
竟，結果那時排隊人潮真是嚇死我惹，我終究沒把我寶貴的自由時
間拿去排隊，但走之前有跑去翻了一下咖啡廳的菜單，邊看邊覺得
可惡啊我好想進去吃啊，正感到憤恨不平的時候，突然瞄到其中一
樣「南蠻雞腿排佐塔塔醬」，我的鼻翼頓時抽動了起來，想說哼哼
哼這個我也會做啊，那我回家自己做來吃總可以吧，黃臉婆也只能
這樣給自己臺階下了。

在餐廳好像不太常看到南蠻口味的料理，但其實作法非常簡單，只
要把雞腿排用鹽跟黑胡椒稍微醃一下，沾麵粉跟蛋汁炸到酥脆，再
放進由醬油、白醋跟砂糖所調成的醬汁讓肉排入味，一份酸酸甜甜
的南蠻雞腿排就搞定了。

南蠻雞腿排一般還會再搭配塔塔醬一起食用，塔塔醬的口味有很多
種變化方式，但只需要用幾樣常見食材，就可以快速調出基本版。
我很討厭吃美乃滋的，但塔塔醬會加檸檬汁，吃起來微酸不膩口，
搭著南蠻雞腿排真是好吃又涮嘴。本篇結尾就是感謝蔦屋書店那天
沒讓我進去，燃起我自己做南蠻雞腿排的鬥志，我們從哪裡跌倒，
就從哪裡爬起來（根本是在蔦屋書店跌倒，在自己廚房爬起來，差
很多欸太太）！

RECIPE

南 蠻 雞 腿 排

食材 | 2 人份

✦ **2 塊去骨雞腿排**：在雞腿排背面，直向切 3 ～ 4 刀，
  此舉可讓肉更好入味、更容易熟、且不易因為受熱
  就捲起。

  切到大概肉排一半深度即可，不要切到快斷。

調味料

✦ 少許鹽及黑胡椒
✦ 2 大匙醬油
✦ 2 大匙白醋
✦ 2 大匙白砂糖

其他

✦ 少許麵粉（各種麵粉
  都可以）
✦ 1 顆蛋：打成蛋汁。

作法 | 不含前置作業時間約 20 分鐘

① 於雞腿排的表面灑上少許鹽及黑胡椒，靜置約 10 分
   鐘讓肉入味。
② 將醬油、白醋、白砂糖於小鍋子中以小火加熱至糖
   融化，即可關火。
③ 熱油鍋，在雞腿排兩面鋪上薄薄的麵粉，再沾蛋汁，
   待油溫夠高後（插木筷子進油中，若周邊冒出小泡
   泡，代表油溫剛好），將雞腿排放入油鍋中，以中
   小火炸至表層焦脆。
④ 取出雞腿排，切小段確認已熟後（若沒熟透，可回
   鍋繼續炸），放進醬汁鍋，讓每一塊充分沾滿醬汁，
   即可放入餐盤中，搭配生菜及塔塔醬食用。

RECIPE

塔 塔 醬

食材 | 2 人份

- ◆ **1 顆水煮蛋**：切碎。
- ◆ **1/4 顆洋蔥**：切細丁。
- ◆ **2 大匙美乃滋**

調味料

- ◆ **1 大匙檸檬汁**
- ◆ **適量鹽及黑胡椒**
- ◆ **少許巴西里**

作法 | 不含前置作業時間約 10 分鐘

將以上食材及調味料，攪拌均勻即完成。

大人小孩一起吃的聚餐料理

義 式 番 茄 肉 丸
太 陽 蛋 焗 麵

| 親子共享 | 快速料理 | 事先做好也可以 |

我兒子有時還蠻挑食的，不過還好我發現他有一個小 bug，就是如果食物是車子形狀，像是車車義大利麵，愛車成痴的他就會拋下心中執念狂嗑。不然就是把食物聯想成車車的某個部分，我兒子也會眼角抬一下略感心動，最後通常會吃幾口聊表心意。

所以我跟我老公在餐桌上就是一天到晚跟他練肖尾，把我們的想像力發揮到最極致，硬要把食物跟車車扯上邊，像是把蓮藕片說成輪圈、把玉米塊說成輪胎、把麵條說成幫汽車加油的管子，其中我最佩服自己臨場反應的一次，就是把筆管麵說成排氣管，話一出我老公用非常敬佩的眼神看著我，覺得我真的是個偉大的媽媽（正確翻譯：為了讓孩子吃，什麼屁話都說得出口的媽媽），那一餐我兒子本來一口都不吃，結果聽到是排氣管，就整盤吃光光真是神經病。

今天分享的食譜，就是輪胎排氣管麵，聽起來很難咬是嗎？那你也可以稱它為義式番茄肉丸太陽蛋焗麵，這樣有沒有聽起來比較好吃？（林姓主婦是否已經回不到正常人的世界）。

義式番茄肉丸麵，在西方國家是很家常的料理，研究過作法後就會發現，跟前面才分享的日式漢堡排非常類似，唯一的差別只是要混義大利香料到牛絞肉裡，吃起來就會對味。一般而言，肉丸煎好後，放進番茄醬汁裡再燉煮一下，就可以淋在義大利麵上開動，但我的作法有小小調整，是把煮好的筆管麵拌進醬汁裡，上方灑一些起司絲跟打生蛋，用烤箱再烤一下，這樣一來，麵條裡裹著半生熟的蛋汁，跟些許起司，吃起來口感跟香味更有層次，而且可以事先做好，很適合作為聚餐料理，大家各自挖一大口放到盤裡多過癮啊！

177

義 大 利 肉 丸

食材 | 5～6人份

+ **300g 牛絞肉**：以我捏的大小，剛好做成 12 顆。
+ **1 顆雞蛋**
+ **3 大匙牛奶**
+ **3 大匙麵包粉**：泡進牛奶備用。

調味料

+ **1 小匙鹽。**
+ **1 大匙義式香料**

我是買義式綜合香料，也可以直接用巴西里、迷迭香等香草。

作法 | 不含前置作業時間約 30 分鐘

① 取一個大盆，將牛絞肉、鹽、義式香料用手充分混和後，加入生雞蛋及泡了牛奶的麵包粉，繼續用手抓捏混和。
② 取出適量牛絞肉，在兩手心間滾成大小適中的肉丸。
③ 以少許油熱鍋後，把肉丸放入，煎至表層微焦後取出（肉丸中間沒熟沒關係，還會放到醬汁裡燉煮）。

RECIPE

番茄醬汁
||||||||||||||||||||||||||||

食材 | 5～6 人份

+ **1** 顆洋蔥：切丁。
+ **5～6** 顆大蒜：拍碎切丁。
+ **2** 罐切碎番茄罐頭
+ **1** 把羅勒或九層塔：切碎。

調味料

+ 適量鹽及黑胡椒

作法 | 不含前置作業時間約 10 分鐘

① 以少許油熱鍋後，將洋蔥放入炒至微透明。
② 加入大蒜炒至香氣出來。
③ 加入番茄罐頭拌炒，待醬汁熱了之後，就可以把羅勒或九層塔放入。
④ 以適量鹽及黑胡椒調味，把肉丸放入燉煮 10 分鐘，即完成。

RECIPE

義 大 利 麵

食材 | 5～6 人份

✦ 適量筆管麵或是各種義大利麵
✦ 適量起司絲（若不焗烤，可省略）
✦ **3 顆雞蛋**（若不焗烤，可省略）

作法 | 不含前置作業時間約 10 分鐘

① 於鍋中加入適量水，水滾後放入麵條及 1 小匙鹽巴，依包裝指示時間煮到熟（約 10 分鐘上下）。

② 若不打算焗烤，把醬汁淋在煮好的義大利麵上，就可以開動。若要焗烤，先把煮好的麵拌入醬裡，上面灑上適量起司絲跟打上生蛋，放進預熱的烤箱，以 180 度烤至起司微焦、蛋略熟，即完成。

TIPS

✓ 也可在牛絞肉裡混入部分豬絞肉，以牛和豬 7：3 甚至 5：5 的比例都可以。

✓ 全用豬絞肉也行，但記得選擇比較不肥的部位。

✓ 肉丸大小盡量一致，熟的時間才不會落差太大。

✓ 也可以用新鮮番茄，但用切碎的番茄罐頭方便許多，因為裡面還帶有一些濃郁的番茄醬汁，倒進去基本上就搞定了。

✓ 要給小孩吃的話，挖的時候避開沒全熟的蛋就行。

✓ 我終究是個不愛吃起司的女人，沒灑很多起司絲，喜歡的話可以盡情灑，不用客氣（跟誰客氣啦）。

日本媽媽味的宴客菜

泡菜高麗菜
豬肉卷

| 親子共享 | 快速料理 | **事先做好也可以** |

這道料理對我而言是個宴客菜，因為它說起來算是比較費工的，更別說我是個靠懶惰料理維生的主婦。不過為了特別來訪的好朋友，我願意捲起袖子為他們捲高麗菜，麻煩歸麻煩，但至少我可以前一晚就先做好，而且它算是餐廳很少會看到的菜色，是很有日本媽媽味的家常菜，端上桌很有面子又有裡子的，辛苦一下值得的。

做高麗菜卷，最困難的是處理高麗菜葉，為了要剝下完整的菜葉，我幾乎要在流理台立正站好，全力以赴，屁股都夾到痠了，但當季的新鮮高麗菜很薄脆，很容易啪的一聲就碎了，那一刻不但會緊張到把屁股夾更緊，還會忍不住幾句飆髒話，恨自己的功虧一簣。

在此林姓主婦要特別說，高麗菜有點碎掉真的沒什麼大不了，因為最後左左右右包覆在一起，整體而言還是會有個完整性，肉不會因此流出來。人生很多別的事情值得煩惱，就放鬆你的小菊花，在高麗菜碎掉時仰頭大笑兩聲然後 move on 吧（這畫面看起來明明更詭異）。

高麗菜葉處理好，其他就沒有什麼難得倒你的了，就是混混絞肉，再把肉包起來拿去煮而已，做完這道菜，先苦後甘這個最重要的人生道理也差不多學完了，接下來就是等著看大家咬下去一臉驚呼的模樣吧。

RECIPE

食材 | 4～5 人份

+ **300g 豬絞肉**
+ **2 小塊板豆腐（約 200g）**
+ **150g 韓式泡菜：切碎。**
+ **10 多片完整的高麗菜葉**

調味料

+ **1 大匙麻油**
+ **2 大匙醬油**
+ **1 小匙薑泥**
+ **1/2 茶匙鹽**

其他

+ **適量昆布柴魚高湯：**若沒有，可直接用烹大師調味湯頭。
+ **牙籤：**固定肉卷用。

作法 | 不含前置作業時間約 60 分鐘

① 取一個大盆，將豬絞肉、板豆腐、韓式泡菜及所有調味料，混和均勻備用。
② 拿尖頭的刀子，以 45 度斜插進高麗菜心的四周，即可將心整塊取出。
③ 小心摘除高麗菜葉，並且用刀子將葉子的粗梗去除，會比較好捲。
④ 煮一鍋熱水，將摘除的高麗菜葉燙軟後，取出瀝乾。
⑤ 取適量肉泥放在高麗菜葉的中下方，先將葉子下方往上折，再把左右兩側往內折，接著往上捲成一卷，在開口處橫插一根牙籤固定。
⑥ 取一個大鍋，放入昆布柴魚高湯，將高麗菜卷放入，以小火煮 20 分鐘，即完成。

TIPS

✓ 我後來看日本料理節目片段，才知道原來有一招可以讓高麗菜葉比較完整被剝下，就是拿一個大鍋（像是中式炒鍋），在裡面放熱水，把高麗菜要剝的那一面放入鍋中燙一下，把它稍微煮軟，就會好剝非常多。

✓ 肉泥不要放太多，不然會包不起來。

邊做邊紓壓的神奇料理

香 煎 培 根
南 瓜 麵 疙 瘩

| 親子共享 | 快速料理 | 事先做好也可以 |

過去我從來沒有想過要自己做麵疙瘩，事實上我連吃到的機會都很少，直到有一陣子，我發現讓兒子吃麵條是一件很傷神的事情，因為他用手抓老半天也吃不進去多少，投資報酬率很低，常常吃到見笑轉生氣。我餵他也不算容易，每次好不容易幫他塞進嘴裡，他咬兩口不小心嘴巴開一點的話，就又掉出來，麵條就像流蘇一樣掛在嘴邊，讓我們母子倆又要忙著塞回去，我才想到做麵疙瘩，讓他用手很輕鬆就可以拿起來，應該是個不錯的解套方法。動手做過之後，才知道原來做麵疙瘩是件那麼紓壓的事情，可以把心中的不快在搓揉之間昇華成一塊香 Q 彈力的麵團，一次多做一些冷凍起來，隨時要吃的時候下水滾一下就上桌，非常方便又美味，我兒子也很喜歡。

這次我想要讓營養升級，便加了好朋友南瓜，不但顏色鮮豔漂亮、吃起來更是無比香甜，光燙熟吃就讓我極度滿意，但高潮到這邊還不夠（孔鏘老師下配樂），我把煮熟的南瓜麵疙瘩瀝乾，跟培根、大蒜一起煎到微焦，咬下去我的眼珠狂在眼皮裡打轉，完全是天堂等級的美食啊！煎過之後麵疙瘩外層變得有點香脆，而且沾滿培根、大蒜香氣，咬下去裡面又 Q 彈到不行，只要再用一點點鹽跟黑胡椒提味就好。

林姓主婦在這裡拍胸脯保證，這道料理一定好吃，雖然做麵疙瘩多少需要一點時間，但這個付出絕對值得，做給小孩吃，或是趁跟家人朋友聚餐時拚一下，大家一定會吃到津津有味的，覺得不好吃的話是他們的問題，不是你，你很棒！

RECIPE

食材 | 4 ～ 5 人份

+ **500g 南瓜泥（去皮去籽後的重量）**：南瓜放入大同電鍋，外鍋加一杯水蒸熟，再切開以湯匙將籽挖出，就可以很輕鬆把肉接著挖出來。
+ **500g 低筋麵粉**
+ **1 顆蛋**
+ **適量培根**：切小段。
+ **2 ～ 3 顆大蒜**：拍碎。
+ **數根四季豆**：切段。

調味料

+ 少許鹽及黑胡椒

作法 | 不含前置作業時間約 70 分鐘

① 取一個大碗，將南瓜泥放入後，盡量搗碎（不然會有很多纖維），再加入麵粉及蛋，以手在碗中搓揉成麵團。

② 在乾淨的平台上，灑上麵粉，將麵團從碗中取出，移至平面上，將麵團捏製步驟依序如下：

分成幾大塊
▼
搓成長條狀
▼
切小塊
▼
以手搓揉成圓球狀
▼
左手心沾一些麵粉，把小麵球放在手心
▼
右手拇指再沾一下麵粉，把小麵球壓扁，
同時讓中間有個凹洞

③ 水煮滾後，將麵疙瘩放入水中，以中火煮到浮起，先撈出瀝乾。

④ 於平底鍋中加入少許橄欖油或奶油熱鍋後，將培根、大蒜放入爆香，接著放入四季豆炒至軟，再將麵疙瘩放進鍋中，煎炒至兩面微焦，最後灑一些鹽及黑胡椒，即完成。

TIPS

✓ 我做的麵疙瘩大概比50元硬幣大一些，這批做出來約70個，一個大人大概可以吃10多個。

✓ 南瓜泥跟麵粉的比例約1：1，麵粉的比例可以自行調整，因為有的南瓜可能偏乾，有的比較有水分。重點是在揉麵團的時候，麵粉要加到讓麵團不會過度沾黏、大致成團的狀態。

✓ 網路上麵疙瘩的作法眾說紛紜，有的會用中筋麵粉，還要醒麵團，但我覺得這樣做出來會太有嚼勁。我用低筋麵粉，而且無需醒麵團，其實還是會QQ的很有口感，這樣就可以了。

✓ 如果直接把用剩的麵疙瘩放進塑膠袋裡冷凍，會全部黏成一塊，要煮的時候會很麻煩。我是在保鮮盒內，用保鮮膜隔開、分層擺放，如此一來，等隔天結凍後，就可以很容易取出，另外裝袋，之後要煮幾個就拿幾個。

✓ 也可做成馬鈴薯或芋頭口味。

✓ 煮好後再配一些蔬菜、肉片做成湯麵版也可以，不一定要再煎過。

✓ 煎的配料可以自行變化，像是加蘑菇、玉米筍、花椰菜、雞柳條等等。

07

煮飯計畫被打亂？！
再懶再忙也不會餓死的保命術

日本電影《比海還深》裡面有一段演著，因為一場颱風，讓一家人回到奶奶家就被風雨困住，必須要留在那裡過夜。老奶奶面對突然熱鬧起來的房子，雀躍欣喜地張羅大夥的晚餐。

可她平常一個人住，冰箱裡當然沒有預先準備好的食材，還好薑是老的辣，敢留大家下來，就肯定不會讓人餓到，只見她從冰箱拿出冷凍的咖哩，用鍋子熱過後，加入烏龍麵，外面狂風暴雨，他們還是在家中吃了熱呼呼的咖哩烏龍麵，有種幸福的感覺。

看著這一幕，我覺得這就是主婦真實力的表現，面對像是老公突然邀同事來家裡晚餐、該煮飯卻懶到不行、臨時生病了下不了廚這種計畫被打亂的情況，熟練的主婦腦海中一定會出現跑馬燈，把所有可能變來的食物想過一輪，再選不會累死自己，也能迅速搞定大家的最佳方案。

要能擁有這樣的臨場反應，光靠硬幹是不夠的，時時記得給自己留條後路，有計劃性留些「剩菜」，再冷凍起來以備不時之需，才是明智之舉。

我知道大部分的主婦都很不希望有剩菜，當餐所有食物都被吃光是最大的勝利，但其實很多料理，像是燉滷類，要滷到一定的分量、食材夠多才會好吃，一次滷個兩隻雞腿或是一條三層肉，雖然有種俐落的快感，但醬汁一定會不夠濃郁，成果跟大鍋滷出來的天差地遠。

這種時候，就寧可多滷一些，費的工差不多，卻可以吃很久。

不過這之中還有心理戰術層面，再好吃的東西，連吃三天也是會令人發怒，所以即便滷了一大鍋，也不能抱著「這禮拜就靠這一鍋打發吧！」的僥倖心態，讓家人只吃一餐、最多兩餐，剩餘的就分裝冷凍，用一種欲擒故縱的招數，在大家感到嫌棄之前就撤兵，反而給人一種懷念的感覺。

然後等需要應急的時候，家人以為只有泡麵能吃，期望非常卑微，此時這些食物就會像神一般的降臨，還讓人覺得，在短短時間內竟然可以吃到家庭料理，這也太幸運了吧！

以下是善用冷凍庫的五個保命術，在此分享給大家。

1 備一些分裝好的白飯冷藏或冷凍

光是洗米煮飯這件事，就要花 30 ～ 40 分鐘（飯煮好還要燜一下才好吃），小家庭每次只煮當餐的分量，是非常沒有效率的事情，不如一次煮 3 杯的量，一部分放冷藏，當週吃掉，一部分放冷凍，可以冰更久。

兩個提醒

· 若是一週內要吃的，先抓好全家人一餐的總量，用玻璃保鮮盒或是不鏽鋼便當分裝好，每次要熱的時候，就直接拿一盒出來，進電鍋用半杯水蒸即可，非常方便。
· 若是要冷凍，用保鮮盒裝的話，雖然分裝時省下很多時間，但飯變成太厚實，到時候會需要花較多時間蒸，時間上就跟直接煮一鍋白米沒差多少，不划算。
所以冷凍飯，我會建議以一碗為分量分裝，壓成約土司大小的扁平狀，用保鮮膜包好放進冷凍庫，如此一來，熱飯的時間會大幅縮短，微波也可以，且一碗一碗的分量，臨時需要吃一點飯的話也能輕鬆搞定。

2
做肉燥、燉肉料理時，
刻意多做分裝冷凍

這一類料理，因為已經經過一段時間
燜煮，食材一定都是耐煮的，可想而
知冷凍後再重新熱過，也不會影響口
感，我都會特別冷凍一些起來。

3
漢堡排、肉丸類，
可一次做好再冷凍

這種要用手捏來捏去才能完成的食
物，再怎麼說也稱不上省事，但他們
也知道這樣會沒朋友，所以讓自己成
為適合冷凍的人才。趁週末有興致時
來做，當餐吃的量之外，再多抓1倍
的分量冷凍，之後隨時可以熱來吃。

而究竟要在生的還是熟的狀態下去冷凍，判斷的基準主要是看那個肉適不適合反覆加
熱。像漢堡排主要是牛絞肉，重新熱過容易老（跟早已燉到軟爛的牛腩情況不同），
肉汁也會流失，所以要在捏成形之後，用保鮮膜包起，生肉的狀態就去冷凍，要吃的
時候再退冰來煎。珍珠丸子跟獅子頭是豬絞肉，因為油脂較豐富，反覆加熱沒問題，
就可以在熟的狀態下冷凍。

✓ 本食譜中符合此分類、適合冷凍的料理：

・日式南瓜漢堡排　　　　P.162
・義大利肉丸　　　　　　P.178

✓ 林姓主婦第一本食譜中符合此分類、適合冷凍的料理：

・珍珠丸子　　　　　　　P.172

4

醃肉時，一次多醃一些，
分裝冷凍

這個方法特別推薦用薄肉片，像是豬里肌肉片，用少許醬油、米酒、蒜末、黑胡椒醃一下，放進保鮮盒，以保鮮膜一片片鋪平隔開，再去冷凍，需要時就可以單片單片取出使用。因為薄很快就退冰，煎一下就能上菜。

其他肉類也都可以醃好，再用密封袋包好冷凍，急忙需要出菜時就不會手忙腳亂。

✔ **本食譜中符合此分類、適合冷凍的料理：**

· 蜂蜜蘋果燒肉（麵粉等要煎之前再灑）　　P.18
· 香煎豬五花　　　　　　　　　　　　　　P.40

✔ **林姓主婦第一本食譜中符合此分類、適合冷凍的料理：**

· 家常排骨（地瓜粉等要炸之前再裹）　　　P.20
· 鹽麴松坂豬　　　　　　　　　　　　　　P.82
· 日式薑燒豬肉　　　　　　　　　　　　　P.84
· 迷迭香檸檬雞腿排　　　　　　　　　　　P.88

5

炒飯、炊飯，也可冷凍

只要不含綠色蔬菜（像菠菜）、或是容易腐敗的海鮮（蛤蠣）等，都可以分裝冷凍，
需要的時候馬上蒸來吃，就足以當成一餐，堪稱冷凍料理的全壘打王！

✓ **本食譜中符合此分類、適合冷凍的料理：**

✓ **林姓主婦第一本食譜中符合此分類、適合冷凍的料理：**

冷凍食品時，要記得使用密封袋、密閉性佳的保鮮盒來裝，或像我一樣用成真空
包，這樣一方面食物水分比較不會流失，不會冷凍一陣子發現乾掉，另一方面也
是避免食物沾到冰箱的異味，吃起來變得五味雜陳。

若照上述方式妥善分裝再冷凍，冰兩到三個月沒有問題，但一般而言，若冰三個
月還沒吃，我若發現就可能會處理掉，不是它壞了，而是一種奇摩子的問題，明
明都已經進入冬天，卻還在吃夏天做的料理，光想就覺得不太對勁。所以若打算
多做一些冷凍起來，也要控制一下量，評估好三個月內可以吃完的量去做，最剛
好，也不會帶給冰箱變相的負擔。

Chapter 6

讓甜點苦手
也能挺起胸膛的
自信甜點

不是每個女孩都有一雙做甜點的
巧手（我就沒有），
但天無絕人之路，
還是有一些極容易成功的甜點
可以輕鬆在家做出，
招待客人或是當伴手禮都誠意十足！

甜點苦手也可以

抹茶磅蛋糕

在江湖走跳這些年來，我發現人世間有一個很奇妙的現象，就是會做料理的，不一定會做甜點；會做甜點的，不一定會做料理。當然還是有人兩種都很行，但總之我覺得身邊有不少朋友都有此現象（打開 Excel 看統計數據）（結果樣本只有五個）。

林姓主婦本身就是個甜點苦手，一方面礙於不吃奶製品，很多甜點我舔到一口就嘔吐，讓我缺乏自己動手做的興致，再來我覺得做甜點沒辦法試味道，烤出來才知道有沒有成功，簡直是一場豪賭，我不尬以這種心裡不踏實的感覺。

但我喜歡做甜點的朋友就不這麼認為，他們覺得下廚多少需要臨場反應，又要翻炒又要顧火還要調味，一路過關斬將，煮一道菜跟玩三鐵差不多拚，反而做甜點乖乖量好配方就一定不會錯，讓他們毫安心。聽了之後覺得這就是所謂白天不懂夜的黑，只能說我命盤中不帶甜點也是沒辦法的事（什麼結論啦）。

若真要我做甜點，我首選肯定是磅蛋糕，它一看就是個老實人，做人只求坦蕩蕩（我又知道咧），沒有一層層奶油或慕斯的華麗裝飾，頭頂也不會淋一堆糖漿或是灑巧克力片，外型簡單樸實，口味毫無層次，卻是我喜歡的單純美好，加了抹茶更是多了一種大人的滋味，我始終很愛。

這句話由我來說絕對可信，就是抹茶磅蛋糕非常適合甜點新手，成功率很高。如果要參加聚會，前一晚烤一烤，簡單包裝一下，就變成誠意一百分的伴手禮啊！誰能比你強？沒有！沒有！（但如果有人帶自己做的提拉米蘇或是馬可龍什麼的就別跟他計較）。

食材 | 1 條抹茶磅蛋糕（約可切 8 ～ 10 片）

- ◆ **3 顆雞蛋**：退冰至室溫。
- ◆ **150g 低筋麵粉**：過篩。
- ◆ **120g 無鹽奶油**：退冰至室溫。
- ◆ **120g 白砂糖**
- ◆ **2g 泡打粉**：可加進麵粉裡一起過篩。
- ◆ **1 大匙抹茶粉**：可加進麵粉裡一起過篩。

作法 | 不含前置作業時間約 70 分鐘

① 先以 180 度預熱烤箱 15 分鐘。
② 拿一個大盆，放入奶油及糖，用手持攪拌棒打勻。
③ 放入雞蛋，打勻。
④ 放入麵粉、泡打粉、抹茶粉，打勻。
⑤ 把麵糊倒入蛋糕膜後，拿起來輕輕甩在桌面上幾次，讓空氣排出、表面變平整。
⑥ 放入烤箱，烤 40 ～ 50 分鐘，拿竹籤插入，若沒有沾黏則代表完成。

TIPS

✓ 最原始的磅蛋糕作法是讓所有食材等比，像是 3 顆雞蛋（1 顆約 50g）＋150g 奶油＋150g 糖＋150g 麵粉，但我怕甜膩，所以有減少奶油跟糖的比例，我覺得這樣吃起來甜度就很夠了。

✓ 烤約 30 分鐘時，可以打開烤箱，拿餐刀在磅蛋糕中間畫一道再繼續烤，這有點類似女人自然產簡慧英的概念，就是反正那邊遲早會爆裂，畫一刀會讓它裂得稍微整齊一些，不畫的話也行，烤出來裂痕會狂野一些而已，無傷大雅。

✓ 磅蛋糕不用冰，冰了會乾掉。室溫可放 5 ～ 6 天，不過 3 天內吃完最好。吃之前可烤一下，表層脆脆更好吃。

✓ 每個烤箱的溫度表現不同，若沒經驗還是老實點，在烤的時候多去看幾次。像我家是大烤箱，有分上下火，我太久沒烤，一時間也忘了是要用哪種，就選了上火，結果上火太過猛烈，15 分鐘就把頂層烤焦，我隔天改用上下火，熱度比較分散，才成功（好的這個筆記是做給我自己看的我承認）。

同場加映 **林姓主婦手拙包裝教學**

① 拿一大張烘焙紙，寬度約為磅蛋糕的 5 ～ 6 倍，將磅蛋糕橫擺。
② 舉起紙的上下兩側，往下摺。
③ 把左右收口放到磅蛋糕底下，並用紙膠帶固定。
④ 拿麻繩十字綑綁，即完成。

#02

過節卻沒安排的
挫屎組請看過來

藍莓克拉芙緹

| 親子共享 | 快速料理 | 事先做好也可以 |

林姓主婦有個不為人知的隱疾，就是嚴重的密集恐懼症。

這一切的開端，是某天朋友說他有密集恐懼症，那時我還不知道那是什麼，他就叫我上網 google 圖片，沒想到看幾張我就頭皮發麻，朋友便認定我也是患者。

說也奇怪，自從被診斷後（？），我開始痛恨太密集又細小排列的畫面。像有天我在削鳳梨，凝視鳳梨皮時我突然覺得毛骨悚然。還有一次我做牛肉麵，放進冰箱隔天要熱來吃時，看著表層以小點狀結塊的牛油我又沉默了。

密集恐懼症跟我的食譜有什麼關係？我想說如果特別節日到了，卻沒有安排，不如自己動手做簡單的甜點，於是我想到可以做藍莓克拉芙緹。

這甜點的材料十分簡單，除了新鮮藍莓外，只需要牛奶、蛋、糖跟低筋麵粉，混一混就可以烤，烤時會聞到滿溢的莓果香，成品口感很軟嫩，吃下去酸酸甜甜非常爽口。

但我這次藍莓放太多了，烤好時我看著它感到心情複雜，為什麼要做讓我看著就痛苦的甜點呢！拍成照片後更是無法直視，但我忍！因為藍莓就是要那麼多，才會好吃哪！

RECIPE

食材 | 2～3 人份

- **1 碗藍莓，約 100g。**
- **2 顆蛋**
- **300ml 牛奶**
- **50g 低筋麵粉**
- **70g 白砂糖**

作法 | 不含前置作業時間約 40 分鐘

烤箱以 200 度預熱，將上述 2～5 項食材混和均勻，
放入烤盅中，上方放上藍莓，放入烤箱以 200 度烤
30～40 分鐘，至表層微焦即完成。

TIPS

✓ 也可用其他水果取代，像是櫻桃、紅莓、水蜜桃等。

✓ 可在烤盅上塗抹一層奶油，比較不會沾黏。

✓ 以我這次做的分量，在加藍莓之前，麵糊大約 500ml，烤過會再膨脹，所以挑選烤盅容器時，
要注意一下大小，倒入後落在七到八成的高度最剛好。

✓ 要放到至少微溫狀態再吃，因為剛出爐時還太軟，而且太燙（廢話）。

✓ 如果你覺得自己應該沒有密集恐懼症，那很好，不要去 google 圖片，你一旦看了就回不去
那個單純美好的世界了。

03

客人到了再開始做就好

草莓
荷蘭鬆餅

| 親子共享 | 快速料理 | 事先做好也可以 |

身為甜點苦手，就算有朋友在下午茶時刻來訪，我也極少會特別做甜點招待，99% 的情況我會直接去巷口買我很愛的雞蛋海綿蛋糕，再沖個咖啡，我輕鬆，朋友也滿足，賓主盡歡。

但有天我記錯那家蛋糕店的公休日，臨時撲空，朋友已經興致勃勃要來我家吃下午茶了，我還腦袋一片空白，好家在我還知道有這個簡單甜點可以做，就是荷蘭鬆餅！

我能想到它真是太天才了，因為一般甜點都要事先做好，它偏偏就是要吃熱的，趁熱吃才能吃到它人生最美好的一部分，見證到它頭頂蓬蓬鬆鬆的那面，所以朋友都到家裡，才開始備料準備要烤，絕對不是招待不周，而是心意的表現啊！

我這次是在上面放草莓，但很多水果都可以，像是藍莓、黑莓、水蜜桃，甚至擠一些黃檸檬汁，都會非常美味，同樣是道味道很單純的甜點，反正我就只會做這種簡單的啦難的我不會（墮落）。

RECIPE

食材 | 3～4 人份

- **2 顆雞蛋**
- **125ml 牛奶**
- **與牛奶相同容量的麵粉**
- **1 大匙白砂糖**
- **1 大匙蜂蜜**
- **1/4 小匙香草精**：沒有就算惹。
- **1/4 小匙鹽巴**

左邊的麵糊食材，全部混和攪拌均勻，不用打發，打勻就好。

其他

- **適量草莓**
- **適量糖粉**：這沒有也沒差，就是上面少一點白粉末而已，有加比較美這樣。
- **2 大匙無鹽奶油**

作法 | 不含前置作業時間約 20 分鐘

① 烤箱以 210 度預熱，等的同時將鑄鐵鍋或是烤盤放入烤箱中，一起把鍋子烤熱。

② 預熱約 10 分鐘後，將鑄鐵鍋取出，於鍋中加入 2 大匙無鹽奶油，搖晃鍋身讓奶油均勻化開，接著倒入麵糊，再放入烤箱中，繼續以 210 度烤至周圍蓬起，表層微焦。

③ 將鑄鐵鍋取出，於上方鋪上草莓，灑上糖粉，然後就快點吃掉！

TIPS

✓ 這一定要趁熱吃喔，真心不騙，熱熱的吃，吃起來像 QQ、比較紮實的雞蛋布丁，冷了就會開始硬掉囉～

自己做最真材實料

雞 蛋 布 丁

| 親子共享 | 快速料理 | 事先做好也可以 |

小時候我超愛吃統一布丁的，下課後跟同學到商店買盒布丁，軟軟甜甜的化在嘴裡，
真是讓我印象深刻的幸福回憶。不過長大後發現，當年以為的好吃，其實都是用很多
人工香料所組合而成，近年幾波食安風波的爆發，更是讓我童年的小確幸徹底幻滅，
就如看到兒時偶像中年走鐘般的心痛，從此之後我看到市售布丁，眼睛不再冒愛心，
也不曾買給兒子吃過。

結果前幾天，我們一家三口去超市逛逛，非常愛吃布丁的老公一時興起，買了布丁要
跟兒子一起吃，兒子吃一口就瘋狂愛上，老娘想說既然兒子喜歡，那當然就自己動手
做，幫他建立對於好吃布丁的正確觀念，長大才不會跟我一樣有種被騙的感覺。

布丁的成分說起來超簡單，就是雞蛋、牛奶跟白砂糖，另外搭配大同電鍋，輕輕鬆鬆
就可以蒸出香甜可口的布丁。有些布丁的奶香味很重，但可想而知怕奶的我是不會喜
歡那種版本，所以特別調整了一下蛋與牛奶的比例，做成蛋香味濃厚的版本，很像我
在日本甜點店吃到的口味，超級喜歡，這才是真材實料、名副其實的雞蛋布丁啊，兒
子你懂嗎！

食材 | 4 人份

布丁
+ **3 顆全蛋、2 顆蛋黃**：打散成蛋液備用。
+ **500ml 牛奶**
+ **50g 白砂糖**

焦糖
+ **100g 白砂糖**
+ **50ml 水**

我的布丁容器約150ml，以上食材可做4個。

作法 | 不含前置作業時間約 40 分鐘

① 先做焦糖醬，把白砂糖放入小鍋中，以小火慢煮至糖變成琥珀色後，加入 50ml 的熱水（用熱水才不會因為糖與水的溫差過大，噴鍋），攪拌均勻。

② 拿食用油在布丁容器內塗抹一層（用餐巾紙或是刷子沾著抹皆可）後，倒入焦糖醬，放入冰箱讓焦糖冷卻。

③ 於鍋中倒入牛奶及 50g 白砂糖，以小火慢煮至糖融化後，熄火。

④ 確認牛奶降至微溫狀態，將牛奶倒入蛋液中，邊倒邊攪拌，混和均勻後，以網篩過篩，濾掉蛋液中的泡沫及黏液。

⑤ 把布丁容器從冰箱取出，倒入蛋液，將容器放入大同電鍋，下方記得用蒸架架高，幫助熱氣循環。外鍋放 1 杯水，並且拿餐巾紙摺成小方塊墊在鍋蓋下方（可參考 P.91 圖），讓鍋蓋留個細縫後，按下開關開始蒸，跳起即完成。

TIPS

✓ 若喜歡奶香味重一點的布丁，可把蛋減少為 2 顆全蛋＋ 2 顆蛋黃。

✓ 要倒出布丁時，拿水果刀在內緣畫 1 圈，倒出來會比較漂亮。

✓ 若容器大小跟我不一樣，蒸的時間可自行調整，若要確認有沒有蒸熟，可拿 1 個竹籤插入布丁中，拿出時沒有沾黏，就代表已經熟了。

✓ 蒸的時候，務必要照我說的，鍋蓋留一個細縫，不要完全蓋上，不然布丁在蒸的過程受到太大壓力，成果會坑坑疤疤，吃不到細滑口感。

#05

冬天來吧我不怕

暖呼呼
桂圓糯米粥

| 親子共享 | 快速料理 | 事先做好也可以 |

林姓主婦每天拚了老命在家煮飯帶小孩，全身筋骨早就整組壞掉，只要有機會，我一定會想盡一切辦法把兒子丟包，溜去做個 SPA，進場維修一下。

有天我跑去做了一個讓我白眼翻到後腦杓、舒服到不行的 SPA，那一堂芳療師除了幫我按肩頸背，還拿了一個前面有滾珠的小棒棒，在我眼窩四周又戳又揉、四處滑動撥筋，並且不時到太陽穴旁幫我捅兩下，按完我覺得視力當場變成 1.5，眼睛炯炯有神超級銳利的啊。做完後我就像是個剛烤出來的舒芙蕾般，全身熱烘烘又軟趴趴，再喝一碗店裡招待的甜湯，這地方根本天堂我不要走啊。

但現實總是殘酷的，我還要回家煮晚餐，我終究是個主婦不是貴婦，結果天殺的一走出去剛好一陣冷風襲來，我頭上的舒芙蕾就這樣被吹垮了（這位太太你的頭上並不是真的有舒芙蕾，請寬心），剛才好不容易被疏通的血脈瞬間凍結，冬天夜晚的冷風為何如此不留情面！

回家之後我實在太生氣了，決定給自己煮鍋甜湯，驅一驅這冷天的寒意，於是想到我好久沒吃到超愛的桂圓糯米粥了！決定之後，當晚睡前就先把圓糯米用水泡著，隔天下午趁兒子午睡時把料丟到大同電鍋，他午覺都還沒醒，我已經喝著這碗熱呼呼的甜粥，配著日劇，享受我一個人的午後時光。

泡了一晚的糯米，用大同電鍋煮一下就軟透，桂圓的甜味滲進每一粒米，只要再加一點糖，滋味棒到不行，冬天你就放馬過來吧，老娘有這鍋甜湯就什麼都不怕了（張開雙臂正面迎接）。

RECIPE

食材 | 5～6 人份

✦ **1 杯圓糯米**：泡至少 3 小時後，瀝乾備用。

　一般做甜湯會用圓糯米，做鹹食會用長糯米。

✦ **1/2 杯龍眼乾**
✦ **數顆紅棗**：洗淨後轉一下，讓表皮破開。

　枸杞也行，若都沒有，也可省略不加。

調味料

✦ **適量糖**：白砂糖、黃砂糖或紅糖都可以。

作法 | 不含前置作業時間約 30 分鐘

於大同電鍋內鍋放入圓糯米、龍眼乾（會黏成一塊，可用手剝散再放入）、紅棗，及 6 杯水，外鍋放 1.5 杯水煮，跳起後加適量的糖調味，即完成。

TIPS

✓ 若喜歡酒氣，吃的時候可以加 1 小匙米酒喔！
✓ 因為這粥的糯米已經被煮得非常軟爛，給小孩吃一點也是可以的，不會難消化。
✓ 甜粥擺一會兒後，水分多少會被米粒吸收，要吃時若覺得乾，可以補一點水，調到自己喜歡的濃稠度。

06

輕鬆撫慰一家大小的
舒心小點

煎香蕉

| 親子共享 | 快速料理 | 事先做好也可以 |

有次跟婆家吃鐵板燒，點餐後，公婆交代甜點要吃煎香蕉，師傅一聽就露出「你們是熟客很內行嘛」的表情，說現在不主動提供這道甜點了，不忙的話再看看。

我們當然不會放過他，整桌女人的年紀加起來不知道幾百歲（因為還有高齡 96 歲阿嬤跟阿姨們），個個卯起來跟師傅嘴甜訕笑（阿嬤是沒有下海啦，不然她老人家也太辛苦為了一片香蕉），師傅深知逃不了這群女人的逼迫，抽空弄給我們吃。

吃完主餐都飽到肚臍快噴漿，但現煎的香蕉配上熱咖啡，甜甜苦苦超解膩，大家都吃光光。完食後我們討論著這怎麼做，七嘴八舌沒結論，最後我直接殺去後台問師傅。

師傅傳授的作法非常平易近人，用家中常見材料便能做出令人回味再三的小點，讓我們拚了老命要師傅弄，只差沒擠乳溝（擠了反而吃不到吧），是真正的厲害的功力，更是每個人最渴望的單純美味。

夏天香蕉很容易太熟，動不動就長滿黑斑，覺得吃下去軟軟爛爛有點勉強的話（不要想歪我說的是香蕉），不要放棄人家！拿它來煎特別好吃，因為甜度更高，起鍋前淋上一些蜂蜜，吃起來有點黏牙，保證你會喜歡，這真是最簡單的舒心甜點了！

RECIPE

食材 | 2 人份

- ◆ **1 根香蕉**：切對半。
- ◆ **適量麵粉**：各種麵粉都可以。
- ◆ **1 顆蛋**：打成蛋液。
- ◆ **適量麵包粉**
- ◆ **適量蜂蜜**

作法 | 不含前置作業時間約 15 分鐘

① 在香蕉片上灑上薄薄一層麵粉，接著裹蛋汁，最後再沾滿麵包粉。

② 以適量油熱鍋後，將香蕉片放入鍋中以中小火慢煎，當香蕉圓弧面（不是刀子切開的那側）朝下時，可用鍋鏟或是湯杓背面輕輕壓幾下，讓表面能均勻接觸到油，才能煎到焦脆。

③ 起鍋前，淋上適量蜂蜜，即完成。

TIPS

✓ 務必要用熟透的香蕉，太生的香蕉煎起來差很多喔，甜度會不足。

✓ 我是因為剝香蕉皮的時候不小心把香蕉弄斷了，才索性全部切小段，但這樣裹粉時會花比較多時間，直接把香蕉對切就好。

08
我所喜歡的器皿和挑選建議

開始寫食譜以來,我一直很想提倡「不經意的生活美感」。

在家能吃到色、香、味俱全的料理,是許多人的夢想,但無論是上班族婦女或是全職主婦,要端出一桌菜都不是件輕鬆的事情,能煮出來已經很了不起了,若還要很假掰地追求擺盤,就有點強人所難了。

但不追求假掰,不代表無法享受生活美感,其實我的方式很簡單,就是挑選有質感的器皿,讓料理簡單擺上就很好看,只要記得將盤中食物往中間堆高、集中,把溢出的湯汁用餐巾紙擦掉,端上桌的氣勢就不一樣,這是很習慣成自然的行為,很順手的動作,也就是我所謂「不經意的生活美感」。

由此可見，挑對餐具是很重要的第一步，主婦們可以跟著我一起理所當然的敗家（硬拉大家下水），不然就算是米其林大廚做出來的菜，放在刷卡滿額贈禮那種四周都是印花的盤子上，也是枉然啊。

以下是我喜歡的器皿風格，我分大小、形狀、深淺、顏色／花色四個面向來討論，以後添購新盤子時，就不用擔心買到中看不中用的了！

1 論大小

對小家庭而言，最基本的尺寸是 20 ～ 22 公分，以及 16 ～ 18 公分這兩種大小的餐盤，這兩種尺寸很普遍、很好買。

20 ～ 22 公分的裝小家庭分量的菜剛剛好，像是炒肉絲、炒菜、煎蛋都放得下。若是吃西式料理，這個大小也可以裝 1 人份的義大利麵或是排餐。

16 ～ 18 公分就是點心盤的大小，除了拿來吃點心，吃飯時拿來當分菜盤也很適合，可以依照家中人數，一人備一個。

碗的話，我基本上會備著三種。最小的是一般的飯碗，直徑約 11 公分，大家家裡應該都有幾個。再來是中型的碗，直徑約 15 公分，可拿來裝乾拌麵、牛丼或是當成沙拉碗。最後就是大型的碗，直徑約 22 公分，拿來裝牛肉麵那種湯麵。

有這三種大小的碗，大概什麼料理都可以找到剛好的裝了。

2　論深淺

亞洲料理比較多湯湯水水,所以挑
選盤子時,務必挑幾個是帶有深度
的,裝一些帶有湯汁的料理,像是
麻婆豆腐、三杯雞等,才不用擔心
醬汁四溢。

帶有深度的盤子,也很適合拿來裝
咖哩飯、牛腩飯等燴飯類,在我家
這種深盤的使用率非常高,至少要
備有 2 ～ 3 個交替使用。

西式平盤也需要,除了吃西式料理之外,台式料理像是菜脯蛋、煎魚等也會用到。

3　論形狀

最常見的當然就是圓型的盤子,但我還會備著長橢圓型的淺盤,這種拿來裝魚很好用,
不然有時拿圓盤裝一整尾的魚,魚頭跟魚尾巴都跑出去讓我看了很倒彈,我的人生擺
盤時就是追求一個剛剛好!

其他像是長方型或是長橢圓型的深盤我也有,這種特殊形狀拿來裝食物會有一種別緻
的美感。

4 論顏色／花色

很顯然的，我最喜歡白色，因為台菜很常用醬油，我覺得放在白色的餐盤上感覺比較清爽，不會跟其他顏色交錯在一起讓視覺太複雜，無論如何，白色總是最安全、最不影響畫面的一個存在。

其他像是土耳其藍、土黃色、墨綠色、水波藍、靛藍等，我也會買，只要顏色不是太花俏，食物擺上去看來還是簡單俐落的，我覺得都可以。

我很少買有花色的盤子，越素的我越喜歡，靠盤子本身的材質表現（有的是霧面、有的是亮面、有的帶點粗獷手感），頂多餐盤周圍有些特殊壓痕，我覺得就很美了。

北歐普普風的餐盤看起來雖然很好看，但我覺得把料理放上後，整個畫面太凌亂了，我比較不喜歡這種風格。

我的器皿，有些是出國買的，有些是在雜貨小店買的，近期我則是狂掃日本 Studio M' 的貨，它們有出各式各樣好看的餐盤，我勤儉持家一陣子之後就會上網敗家一下，撫慰我的心，小器生活的網站上就買得到（P.262 有分享），想要一鼓作氣把缺的盤子都買齊的話，去那找就對了（推一把幫你入火坑，科科）。

Chapter 7
特別的情境就要
特別的吃法

面對特別的考驗，需要出奇才能致勝！
這邊的料理或許不會天天吃，
但相信會有機會派上用場的，
記得把它們放心裡，以後才能隨機應變
（選手們在後台助跑）！

過年才有的家傳古早味

鹹 甜 粿

親子共享 ｜ 快速料理 ｜ 事先做好也可以

我家是個小家庭，過年都吃得很簡單，偶爾我們會去大阿北家，跟其他親戚一起湊熱鬧吃年夜飯，在林姓主婦的回憶裡，要過得比較有年味（以及要拿比較多紅包）（嗯我剛說了什麼），就一定要到他們家才行。

我的阿ㄣˋ（四聲，是伯母的台語）是個手藝非常好的萬能主婦，去他們家過年，總會吃到很多難得一見的大菜，不過在我阿ㄣˋ所做的山珍海味之中，我最難忘的，是她親手做的鹹甜粿。

鹹甜粿根本就是為我量身打造的食物，我本來就很愛吃黃糖年糕，又很愛香菇肉燥這種古早味，不知道誰那麼天才，想到要把這兩種口味混在一起，做成甜中帶鹹的 Q 彈粿。只要阿ㄣˋ 家有剩，我一定會打包回家冷凍起來，當成最珍貴的小點心，一路吃到端午。

幾年前我曾經問過阿ㄣˋ 鹹甜粿怎麼做，不過我發現要從這種金鑽等級的主婦口中套出食譜，難度相當之高，因為她們做菜幾十年了，煎煮炒炸與調味之間，靠得全是直覺，對她們而言，什麼都很簡單，簡單到不知如何細說。問她肉怎麼滷，她說就是加醬油跟糖啦，問她怎麼做鹹甜粿，她說就是把香菇肉燥炒一炒，再按照糯米粉包裝袋上的比例指示混進去蒸就好，聽完我還想追問然後呢，她已經像風一樣轉身走了。

但這次我很有挑戰鹹甜粿的決心，果然用一種打破砂鍋問到底的精神、循循善誘逼供之下，看似簡單的步驟，還是被我問出很多眉角，魔鬼藏在細節裡，更藏在歐巴桑大廚的心裡！

感謝阿ㄣˋ 的遠距教學，我第一次挑戰就成功了，完全就是我記憶中鹹甜粿的味道，而且只要掌握好那些小眉角，真的一點都不難。這種長輩才會做的古早味，花錢都買不到，買到也不一定對味，還不如學起來，以後自己在家也做得出來，過年當伴手禮感覺超強 der。煎到焦香，外酥內 Q 的鹹甜讓人一口接一口，對我而言，這種台式小點比任何西式高級甜點還迷人！

食材 | 1 條鹹甜粿（成品長約 17cm、寬約 8 cm、高 4cm，可切成 12 ～ 14 片）

+ **100g** 豬絞肉
+ **5 ～ 6 朵**中等大小香菇：泡軟切片，香菇水留著備用。
+ **1 大匙**蝦米：泡軟瀝乾切細。
+ **2 大匙**油蔥酥
+ **300g** 糯米粉

調味料

+ **3 大匙**醬油膏
+ **1 杯**黃砂糖（180ml）
+ **少許**白胡椒粉

其他

+ **約 1.5 杯**的水（連同香菇水）

作法 | 不含前置作業時間約 90 分鐘

① 鍋中放入適量油，於冷鍋冷油時直接加入蝦米，炒至油溫變高，蝦米略為冒泡。
② 加入香菇，炒至香氣出來。
③ 加入豬絞肉，以中大火炒至熟。
④ 加入醬油膏、白胡椒粉，與料拌炒均勻後，放入油蔥酥略炒，隨即關火。
⑤ 待配料的熱氣稍散，即可放入糯米粉跟黃砂糖，混勻後，即可開始慢慢把水加入，用鍋鏟或是手拌至粉感消失、變成黏稠狀。
⑥ 於容器內鋪上玻璃紙，將糯米料放入，以刮刀或是湯匙將表面弄平整，放進大同電鍋，外鍋以 2 ～ 3 杯水蒸，跳起時用竹籤或是筷子插入，若沒有過度沾黏，代表已熟，即完成。

TIPS

- 我阿ㄅ、說糯米粉一定要用日陽牌才好吃，這牌子一般超市好像沒在賣，我是在網路上訂到的。
- 我阿ㄅ、說，用醬油膏炒，才不會死鹹，若是用醬油，可以在炒的時候加一點糖。
- 蝦米要用冷鍋冷油炒，才能去腥。
- 油蔥酥要在炒的最後一個步驟放入，不然太早下鍋炒，會苦。
- 也可先將糯米粉、糖、跟水混好後，再拌入炒料。但因為炒料多少會帶有水分，而每次的炒料分量不盡相同，所以把水慢慢加進鍋裡拌，比較能夠確保成品不會太多水分（太水會蒸不好）。
- 我後來是直接用手邊捏邊拌，比用鍋鏟輕鬆，也比較勻。
- 若想像照片中，表層就看到料，可以於拌粉之前，先撈一些出來，等到要放入容器裡時，再鋪上、壓進糯米團裡。但這不是必要步驟，可以直接全部混在一起。
- 我是用土司烤盒蒸，長 17.5cm × 寬 9cm × 高 8cm，外鍋加 3 杯水蒸剛好，若使用的容器較扁平，用 2 杯水蒸或許就夠。
- 剛蒸好時還非常軟，千萬不能急著脫模，放到隔天再脫模比較保險。做好的鹹甜粿若一時吃不完，也可冷凍，就可以吃很久。
- 煎的時候，不要切太厚，一片 1cm 我覺得差不多，太厚的話，鹹甜粿的中心會流出來，跟旁邊的黏在一起。
- 大家看得出來我有企圖把鹹甜粿拍出文青風嗎？如果看不出來就算了，我努力過了，而且它就是鹹甜粿，膚色暗沉又一堆暗瘡（幹嘛批評人家外表），是要我拍成怎樣。

過年吃剩菜大作戰

蘿蔔糕五吃

若說主婦過年有什麼比做年菜更煩的事情,大概就是除夕之後要想辦法消滅剩菜吧,像是蘿蔔糕,我媽過年就一定會買,我是很愛吃蘿蔔糕沒錯,但蘿蔔糕有一點很逼人,就是只能冷藏三天,不能冷凍(口感整個會不對)。

過年時發現冰箱還有一大塊蘿蔔糕沒解決,當然最簡單的就是煎來吃,但如果已經吃過,覺得有點膩的話,林姓主婦教大家如何運用家中常見的食材、調味料,簡簡單單讓蘿蔔糕化身一變成為餐桌上的新嬌點!

| 親子共享 | 快速料理 | 事先做好也可以 |

RECIPE

沙茶蘿蔔糕

食材 | 1人份

✦ **適量蘿蔔糕**：切小塊（示範約使用 10 ～ 12 小塊）。
✦ **適量高麗菜**：剝小片。
✦ **2 ～ 3 根蔥**：切段。
✦ **2 ～ 3 顆大蒜**：拍碎。
✦ **1 根辣椒**：切小段（若不吃辣可省略）。

調味料

✦ **1 大匙沙茶醬**
✦ **1 大匙米酒**

作法 | 不含前置作業時間約 20 分鐘

① 以適量油熱鍋，將蘿蔔糕煎到表層焦脆後取出。
② 同一鍋，放入蔥、蒜、辣椒爆香。
③ 放入高麗菜炒至軟。
④ 將蘿蔔糕放回鍋中，加沙茶醬及米酒，與食材拌炒均勻即完成。

蒜苗臘肉炒蘿蔔糕

食材 | 1 人份

+ 適量蘿蔔糕：切小塊（示範約使用 10 ～ 12 小塊）。
+ **2 ～ 3 根**蒜苗：以斜刀切小片。
+ 適量高麗菜：剝小片。
+ **6 ～ 8 片**臘肉
+ **1 根**辣椒：切小段（若不吃辣可省略）。

調味料

+ **1 小匙**醬油
+ **1 小匙**紹興酒（清酒或米酒也可以）

作法 | 不含前置作業時間約 20 分鐘

① 以適量油熱鍋，將蘿蔔糕煎到表層焦脆後取出。
② 同一鍋，加入臘肉片爆香。
③ 加入高麗菜炒至軟。
④ 將蘿蔔糕放回鍋中，加入蒜苗、辣椒，拌炒至蒜苗變軟。
⑤ 加入醬油及紹興酒，與食材拌炒均勻，即完成。

RECIPE

泡菜味噌炒蘿蔔糕

食材 | 1 人份

- ✦ 適量蘿蔔糕：切小塊（示範約使用 10 ～ 12 小塊）。
- ✦ **1 小把豬五花肉絲**：以少許醬油醃 5 ～ 10 分鐘。
- ✦ 適量韭菜：切段。
- ✦ 適量豆芽菜
- ✦ **1/4 顆洋蔥**：切細段。
- ✦ 適量泡菜

調味料

- ✦ **1 小匙味噌**

作法 | 不含前置作業時間約 20 分鐘

① 以適量油熱鍋，將蘿蔔糕煎到表層焦脆後取出。

② 同一鍋，加入洋蔥炒至軟。

③ 加入泡菜、韭菜、豆芽菜，炒至韭菜及豆芽菜變軟。

④ 將蘿蔔糕放回鍋中，加入味噌及少許水，與食材拌炒均勻即完成。

香 酥 咖 哩 蘿 蔔 糕

食材 | 1 人份

✦ 適量蘿蔔糕：切條狀（示範約使用 10 條）。
✦ **1 大匙麵粉（各種麵粉都可以）**
✦ **2 顆蛋**：打成蛋液。

調味料

✦ **1 大匙咖哩粉**

作法 | 不含前置作業時間約 20 分鐘

將咖哩粉、麵粉跟蛋液打勻成麵糊，蘿蔔糕沾上麵糊後，入油鍋（放木筷至油鍋，筷子周圍會冒泡代表油溫夠高）炸至表層焦脆，起鍋後可再灑一些咖哩粉，即完成。

RECIPE

什錦蘿蔔糕湯

食材 | 1 人份

- ✦ 適量蘿蔔糕：切小塊（示範約使用 10 ～ 12 小塊）。
- ✦ 2 ～ 3 根蒜苗：以斜刀切小片。
- ✦ 適量高麗菜：剝小片。
- ✦ 1 小把豬五花肉絲：以少許醬油醃 5 ～ 10 分鐘。
- ✦ 2 朵乾香菇：泡軟後，將水擠乾，切薄片。
- ✦ 1 小把蝦米：泡軟。

調味料

- ✦ 少許鹽及白胡椒

其他

- ✦ 適量水

作法 | 不含前置作業時間約 20 分鐘

① 鍋中放入適量油，於冷鍋冷油時直接加入蝦米，炒至油溫變高，蝦米略為冒泡。

② 加入香菇，炒至香氣出來。

③ 加入肉絲，炒至表層熟。

④ 加入高麗菜，炒至軟。

⑤ 加入適量水，蓋上鍋蓋，待水煮滾後，放入蘿蔔糕煮 5 分鐘，起鍋前放入蒜苗再煮 1 分鐘後，最後以適量鹽及白胡椒調味，即完成。

#03

出清中秋柚子山

日 式 柚 子
雞 絲 麵

| 親子共享 | **快速料理** | 事先做好也可以 |

中秋節除了烤肉，另一件值得期待的事就是吃柚子，畢竟每年只有這時候才有，不把握機會怎麼可以。而且柚子屬高纖水果，有著神奇的催便功效，在暴飲暴食的烤肉夜之後，吃來解油膩、清腸胃正適合。

不過就是因為柚子如此讓人無法抗拒，又頗耐擺，這段時間若公司有廠商送柚子，就會覺得拿個一、兩顆無妨，殊不知回一趟老家，老北老木也有一整箱柚子等著要銷出，不拿一點顯得不孝，導致整個中秋節下來，家裡出現一座柚子山，好像吃到聖誕節也吃不完。

這種時候，把柚子入菜是個出清存貨的好辦法，變化一下吃法才有新鮮感啊。比較常見的就是把果肉剝下，做成沙拉配料，不過我更喜歡趁中秋涼意，煮份柚子雞絲麵來吃吃，作為連日大餐的終曲。這清爽又清香的口味，簡直讓人忘了前幾天失心瘋吃下多少肉，是再度找回人生希望的契機！

食材 | 1 人份

+ **2 條雞柳條**：以 1 小匙麻油、1 小匙醬油、少許白胡椒粉，醃 10 ～ 20 分鐘。
+ **1 根蔥**：刨絲或是切成細蔥花。
+ **1 把豆芽菜**
+ **2 ～ 3 片魚板**
+ **4 ～ 6 瓣柚子**：果肉剝小段。
+ **適量麵條**

調味料

+ **500ml 昆布柴魚高湯**

作法 | 不含前置作業時間約 20 分鐘

① 以少許油熱鍋後，將雞柳條煎熟，取出用叉子剝成雞絲備用。
② 將柚子果肉放入高湯中，熬煮 10 分鐘。
③ 將豆芽菜、魚板放入湯中，煮熟後，接著放入煮好的麵條，上面鋪雞絲與蔥絲，即完成，
吃的時候可依個人口味加點七味粉。

TIPS

✓ 我是用像茶包的高湯包，直接用滾水煮一下就可以用，且已經有點鹹度，無需再調味，
很方便，Costco 或進口超市都有賣。若使用無鹹味的高湯，那最後再加適量鹽調味即可
（P.251 有介紹）。

✓ 麵條我是用急凍熟麵，這樣無需另外煮麵條，直接把冷凍麵跟豆芽菜、魚板放入一起煮就
好，很快就熟。

✓ 也可以用刨絲器削一些柚子皮進湯中，增添柚子香氣。

#04

颱風天的壓驚餐
蒜頭雞湯
蒜油麵線

| 親子共享 | 快速料理
（麵線） | 事先做好也可以
（雞湯） |

林姓主婦很久不看電視新聞了，了解時事的管道變成網路。本來覺得這樣落得耳根子清淨，而且也不覺得自己少知道些什麼（因為就是不知道嘛），是個相當健康的改變。沒想到有天老公下班回家說，隔天放颱風假的機率很高，我看窗外風平浪靜，跟他說怎麼可能，果然沒多久，一個個縣市開始宣布放颱風假，這颱風那麼有威力，我卻後知後覺，颱風預報還是要看電視新聞，被記者嚇一嚇才有感覺啊。

確定放假後，我馬上背脊一涼，想說別人應該早就聽說有颱風，偷偷買菜囤貨了吧，超市肯定像被搶過一樣，不用去了。隔天起來，窗外簡直是《明天過後》的場景，狂風暴雨的嚇死人！再怕，也是要餵飽一家人，冰箱其實沒什麼菜，只能運用一些常備食材來救急。好家在我才剛從 Costco 買了一袋大蒜，那就做蒜頭雞湯來壓壓驚吧！

蒜頭雞湯除了加一堆蒜，還可以放香菇或是蛤蠣提味，熬煮一下湯頭就變得濃郁白濁，嚐起來清甜卻帶有淡淡蒜香，整個補到不行。

做蒜頭雞湯時，大蒜要用油先爆香，爆完香蒜油拿來拌麵線正好，配雞湯真是完美的組合。如果不是家裡沒有蒜仁，花了點時間剝蒜皮，不然不用花什麼時間準備，要煮的話記得先去買好蒜仁嘿！

RECIPE

蒜頭雞湯

食材 | 5～6人份

* 2隻土雞腿：切塊川燙。
* 1碗蒜頭：約200g，去皮。
* 2～3朵乾香菇：泡水（可省略）。
* 2根蔥：切段（可省略）。

其他

* 2000ml 水：含香菇水。

調味料

* 適量鹽
* 1/2 杯米酒

▲ 用平底鍋爆香大蒜時，可以像照片這樣，把鍋子傾斜一邊，讓油集中，就可以用少許油快速爆香一堆大蒜！平時炒菜時，也可以這樣做喔！

作法 | 不含前置作業時間約60分鐘

① 以適量油熱鍋，加入蒜仁爆香後，取出備用，蒜油留著。
② 將2000ml水煮滾，加入蒜仁、雞腿、香菇、蔥、米酒，以小火熬煮30～40分鐘，待湯頭變得濃郁，以適量鹽調味，即完成。

蒜油麵線

食材 | 1人份

* 1把麵線
* 1顆蒜：以壓蒜器壓成泥。

調味料

* 1大匙蒜油
* 1小匙醬油

作法 | 不含前置作業時間約5分鐘

將麵線煮熟後，與蒜泥、蒜油、醬油攪拌均勻，即完成。

老台北的圍爐回憶

簡易版
石頭火鍋

| 親子共享 | 快速料理 | **事先做好也可以** |

每到冬天應該很多人跟我一樣，血液裡流的是火鍋高湯，嘴裡最渴望的是沙茶醬，雖然台灣冬天冷得不乾不脆，但圍爐文化早已烙印在我們心中，只要氣溫低於 25 度大家就覺得有點涼，可以吃火鍋了，對於涼的標準根本低到不行。

我想在台北長大的人，應該都有一個共同的回憶，就是小紅莓火鍋城，他們專賣石頭火鍋。我就是喜歡鞋子踩在地板上那種黏膩又胎哥的感覺，喜歡吃完油膩的火鍋之後還要來一口濃稠的芭樂汁（顯示為完全不解渴），我小時候對火鍋的認知就是這一味。

但石頭火鍋店似乎越來越少了，有天突然想起這令人懷念的老滋味，決定自己在家煮，緬懷這正統的台灣火鍋味！

要做石頭火鍋不難，就是把肉片先用麻油跟洋蔥爆香，炒到半熟後，加一點醬油跟白胡椒調味，再把高湯倒入，加喜歡吃的火鍋料進去，就搞定。這個簡單爆香的動作，會讓湯頭奇香無比。剩下的湯可別倒掉，把料撈掉，放一些白飯進去煮成雜炊粥，最後打個蛋花、灑些蔥花跟胡椒鹽，那一碗我再飽都要吃！

RECIPE

食材 | 3～4 人份

+ **400g 梅花炒肉片**：也可用其他肉片。
+ **1 顆洋蔥**：切絲。

肉片調味料

+ **2 大匙麻油**
+ **1 大匙醬油**
+ **適量白胡椒**

其他

+ **適量雞高湯**

作法 | 不含前置作業時間約 20 分鐘

① 用麻油熱鍋後，加入洋蔥爆香，再加入炒肉片，炒
　至半熟時，加入醬油及白胡椒。
② 取適量洋蔥炒肉片，放入鍋中，加入雞高湯或昆布
　柴魚高湯，及其他喜歡的火鍋料，什麼時候開動我
　應該不用說吧（抖眉）。

TIPS

✓ 肉片可以一次多炒一些，沒下鍋的就先另外放於盤中，要吃的時候再入鍋煮，才不會老。

09

林姓主婦最常被問的Q&A

林姓主婦開始寫食譜以來,陸續有很多粉絲會在文章下方或是私訊問我一些料理相關的問題,有些問題的出場率實在太高了,我想它們應該深深困惑著許多新手主婦,就在這裡一併整理出來,給大家參考囉!

Q1　肉要不要洗?

A 絞肉、肉絲千萬不要洗,洗了肉汁都流失,而且洗完濕答答的,不可能弄乾,以這種狀態下鍋料理,絕對會炒出一堆水(因為肉本身就都是水毫嗎),影響成果。

有人問不洗不會覺得髒嗎?我只能說,挑選信賴的通路,或是找可靠的肉販,挑好肉塊之後請老闆直接絞,這樣就好了,不要太過神經兮兮,放輕鬆啦。

其他像是雞腿肉排、里肌肉排那種一片的,想洗的話可以,洗完記得拿餐巾紙把水擦乾就好。

Q2　每種肉下鍋前都需要燙過嗎？

A 不用啦，這樣也太麻煩，而且很多肉燙過之後肉質就會改變，像肉絲一燙不就熟了嗎？再下鍋炒也不入味，很難吃啦。

只有骨頭有斷面外露，且是要下鍋燉煮的肉，像是熬湯的排骨、帶骨雞腿塊，才需要川燙去除雜質，熬出來的湯會比較清澈。但同樣這些肉，若這是要直接下鍋炒，像是做蔥燒豬小排或是炒三杯雞，是不需要先川燙的，直接下鍋比較好入味，而且沒有要燉煮，不會有雜質跑出來的問題。

另外像是三層肉、牛肋條，下鍋滷之前我會先川燙，因為反正之後會滷很久，慢慢一定會入味、變軟爛，川燙一下比較衛生。

我的食譜若需要川燙都會先講，沒講就是不需要，放心照著做吧～

Q3　食材的分量是食譜中的兩倍，調味料也是直接兩倍嗎？

A 不行不行，這樣會太鹹喔，先額外加原本的 1/2 用量即可，再慢慢調味道。

假設原本是用 1 大匙醬油，在食材加倍的情況，你先加個 1.5 大匙就好，湯汁滾了覺得不夠鹹再補。

醃肉的話也是差不多概念，重點是肉都有沾到醬汁即可，不需要讓肉泡在醃料裡喔，那樣就是調味料用太多了，務必把多餘的醃料倒出來。

Q4　裹粉用的麵粉，或是煮洋蔥湯用的麵粉，要用哪一種呢？

A 除非像麵疙瘩、甜點那種麵粉為主體的，才需要依照食譜指示用特定麵粉，不同麵粉會產生不同嚼勁與口感。

如果只是煎炸東西需要事先裹薄薄一層，或是加點麵粉讓西式湯品變濃稠，用什麼麵粉都可以。

Q5　我想跟小孩一起吃，但有些料理有加酒，怎麼辦？

A 除非是像燒酒雞、麻油雞那種加一整瓶米酒的，我會比較忌諱，不然一般料理只是加點酒去腥、提味，而且酒氣滾一滾都會散去，我覺得給小孩吃是沒關係的，但如果你是走超級謹慎派路線的話，就不要給小孩吃或是不要放酒囉，我個人是真的覺得還好啦。

Q6　想要照著你的食譜煮○○○，但不加×××可以嗎，或是我想改用△△△？

A 我的食譜都是力求精簡，能不放的我就不放，但如果放了，想必是我覺得對味道有一定影響的，可以的話，我當然會希望你照實加，成果比較能預期。

但話說回來，料理本來就沒有公式，如果你想要自行調整，雖然做出來的味道可能跟我的不盡然相同，或是少一味，但應該也不至於不能吃吧，所以別問我囉，自己試試看吧！

Q7　我怕甜，甜點的糖可以減半嗎？

A 跟你說一個秘密，林姓主婦也很怕甜，所以我做的甜點，甜度都不會太高。

除非你是甜點高手，不然我會建議你先照食譜先試一次，因為糖的用量對於成果的細緻度、蓬鬆度、潤澤度等等，都有影響，還是老實依循配方，比較不會出意外。

Q8　林姓主婦除了用鑄鐵鍋，還會用什麼鍋？

A 鑄鐵鍋我主要是拿來燉煮東西或是做炊飯，平常最常用的還是平底不沾鍋。

我是用寶迪（Berndes）的不沾鍋，它的塗層很厚，不會隨便用木筷子劃一下就破皮，

很耐用，Le Creuset 的不沾鍋也很棒，有興趣都可以去比較看看。

至於平底不沾鍋的尺寸，以小家庭而言，我會建議買直徑 24cm 以及 20cm 兩種大小。

絕大多數拌炒類的料理，用 24cm 的平底鍋都可以 hold 住，若買到 26cm，食材全部放入仍顯得空蕩蕩，受熱面積過大，水分容易蒸發，東西可能會炒太乾或炒焦，反之，22cm 就會偏小，拌炒時礙手礙腳，力道稍大食物就會飛出去，且因為面積太小，食材無法均勻接觸到鍋面，容易熟得不均勻。20cm 的，則是適合有時拿來處理小分量的配菜，像只是要炒一些小黃瓜或是炒蛋，就不用大費周章拿大鍋出來炒。

選購時平底鍋的深淺也要注意，若以台灣經常拌炒的烹飪習慣，最好買帶有一點深度的平底鍋，4 ～ 5 公分為佳，這樣翻炒時就可以很豪邁。

另外我也會建議購入一個 24cm 的淺平底鍋。用深的平底鍋煎形狀扁平的食物，像是魚、菜脯蛋或是鬆餅等，鍋鏟進入時會受鍋子深度的影響，無法以最水平、最神不知鬼不覺的角度滑進食物底層，導致翻面比較困難，容易把食物弄破，淺的平底鍋就不會有這個問題。

Q9 拿退冰絞肉做肉丸類的料理（漢堡排、珍珠丸子、義式肉丸），但覺得絞肉好濕，水分很多、很難塑型，怎麼捏都軟趴趴，到底哪邊出了問題？該不會是不能用退冰的絞肉？

A 用退冰的絞肉絕對沒問題，我也都會退冰來用，但要注意退冰的方式，最好是前一晚就先從冷凍庫拿到冷藏，讓它慢慢退冰。若急著退冰，絞肉會因為快速融化而出很多水，就會變成你說的這種狀態，不好處理。

Q10 為何我照食譜做了家常排骨、日式豬排、南蠻雞排，但煎出來的表層很不均勻，也不酥，我是哪裡沒弄好？

A 首先要確認一下油放得夠不夠多，照我食譜中的建議，用半煎炸的方式確實不用像油炸一般耗油，但至少還是要讓油能夠蓋到肉排的一半，不然一定會有死角沒有辦法碰到油，影響炸出來的成果。

再來就是要注意火候，一開始可以先用小火慢炸，確認中心熟了，再轉中大火讓表層上色變酥脆。

【特別企劃】

跟著林姓主婦
去買菜&
逛小街買好物

只要能去傳統市場、
進口超市或Costco採買，
全天下大概沒有什麼做不出來的料理。
若還能晃到小店買到
令人相見恨晚的鍋爐碗盤，
主婦的缺角人生瞬間變圓滿！

從便利商店到傳統市場的
主婦轉型之路⋯⋯

當媽媽後，徹底成為一個全職主婦所帶給我的改變，猛然一想還真是不少，容貌跟裝扮上的變化我就不多提了（皺眉點菸），反正就是你們知道的那些故事，我要說的是，沒想到我對於住家周邊環境的需求，也大大改觀。

像我以前覺得家附近有便利商店就足以維生，但現在天天開伙，如果住家附近就有傳統市場、進口超市甚至 Costco，就算我住在鐵皮屋，也覺得那是比帝寶還要珍貴的黃金屋，因為能去這三種地方採買，全天下大概沒有什麼料理做不出來。

全聯、頂好那種連鎖中型超市當然也重要，我現在日常料理都是靠超市居多，但畢竟在台灣那還算蠻容易遇到的，反之，傳統市場、進口超市跟 Costco，就需要靠極大的緣分了，很多時候甚至要特別跑一趟。

或許有些人不明白，到底什麼東西一般超市買不到，需要這樣大費周章跑去別的地方買，那請容我說明一下，傳統市場、進口超市跟 Costco 究竟有什麼非去不可的原因。

01

當 季 食 材 之 主 婦 誘 惑

傳 統 市 場 攻 略

傳統市場好處多

很多年輕一輩的主婦，會覺得傳統市場好像很髒亂，走進去就必須面對撲鼻而來的魚腥味跟濕濕黏黏的地板，不如去超市吹冷氣舒服多了。

不可諱言傳統市場環境不比超市，但就算沒冷氣吹，還要一大早就殺去，依舊有很多主婦提著菜籃往裡面衝，因為傳統市場的魅力主要在於：

充滿季節感

現在農業發達，很多農產品不分季節都買得到，但內行的一定知道，買當季的食材才是王道，因為價格便宜（產量多）、品質好（生在對的季節自然長得好）且農藥少（不用在錯的季節硬去養），買到賺到。

在超市是感受不到什麼季節感的，同樣的食材一年四季幾乎都在架上，方便是方便，但也讓我們對於什麼食材是當季的感受遲鈍了。

在傳統市場裡則是全然不同的樣貌，每次踏進去所看到的風景都不太一樣，每個攤販會努力叫賣著自己才剛收成的農產品，只要逛幾分鐘稍微感受一下，就會秒懂現在什麼是當季，因為到處都在賣。

煮飯的靈感，很多時候是被當季食材所驅動，現在是番茄生產旺季，那就煮一鍋羅宋湯，高麗菜正甜，那就煮一鍋高麗菜飯。
上傳統市場，根本不用擔心今晚煮什麼，反而要擔心那麼多菜想買，該先煮哪道好。

食材新鮮

傳統市場攤販間的競爭是很激烈的，賣的東西不好，絕對騙不了專業的主婦，生意根本做不起來，門可羅雀。所以在傳統市場，只要眼睛放亮點，一定會把最新鮮的買回家，不像在超市，只能挑架上的那幾包，選擇度實在遜色太多。

可少量購買

小家庭要開伙，最討厭的就是在超市一買就是一包，結果只用了一點，其他的都擺到壞掉。

那我必須隆重地跟你說，傳統市場是可以單個單個買的，像是買一顆番茄、一顆馬鈴薯，因為都是秤重賣的，沒差。蔥甚至很多老闆會在你買東西時直接送，整個就是溫情滿天飛的所在，小家庭更要多去傳統市場採買。

選擇豐富

傳統市場除了有固定攤位外，也會有很多臨時攤商，他們來來去去的，不會每次都遇到。阿伯種的竹筍收成了，就來擺個攤，阿婆前一陣子有空，剛好醃了東北酸白菜，就來賣一下，賣完就回去顧孫。這些神出鬼沒的攤販，造就了傳統市場無與倫比的熱鬧，提供多樣化的選擇，主婦總是有看不完的東西，挑不完的好料。

On Demand 肉販服務周到，還身兼簡易料理顧問

在傳統市場買肉時，經常會有一種跟肉販心靈相通的錯覺，老闆實在太能滿足顧客的各種需求了。

你可以很明確地跟肉販說，想要哪一部位的肉，想要怎麼切、怎麼分裝；也可以很不明確地跟肉販說，你想要做某一道菜，問他該選哪一塊肉比較好；甚至看到一塊肉覺得順眼投緣，就問老闆這塊肉可以拿來煮什麼，基本上跟肉販就是什麼都能聊（是還要聊什麼啦）。

這些肉販都說得一口好菜，不見得是因為他們什麼都會煮，而是有些餐館也會跟他們訂肉，生意做久了，自然會累積很多料理知識，買肉時順便請教一下，常常有意外收獲！

年輕主婦的市場生存術

年輕主婦不太敢去傳統市場採買的一個原因，是價錢不像超市那麼透明，都是老闆在喊價。同樣的攤位，你跟媽媽分別去買一樣的東西，買到的價錢不一樣是絕對有可能發生的，這種怕買貴的擔憂，讓他們寧可去超市，有個清楚明瞭的交易。

我剛開始去傳統市場買菜時，也覺得非常沒有安全感，我就像是個誤闖大叢林的小白兔，每個攤商在我眼中都變成奸商，他們對我招攬的笑都充滿意味，我不知道誰該相信。戰戰兢兢跑了幾次後，我領悟出三個小訣竅。

跟著歐巴桑排隊

歐巴桑腦子精得很，有內建的 Excel 隨時比價就算了，他們對品質的要求也非常高，老闆賣爛的東西絕對會被他們罵到厭世，所以如果看見某幾攤前面有歐巴桑在排隊，那通常是很值得信賴的攤販。我就是在歐巴桑人龍的引導下，慢慢找到我覺得物美價廉的攤商，以後就可以固定去買。

當然你還是要看一下人家到底在排什麼啦，跟著排老半天才發現人家是在買阿嬤內褲的話，別怪我浪費你時間。

多走幾趟、來回比價再出手

有時如果拿不定主意要跟誰買，我會挑一樣食材當做比價基準，像是經過攤販，看到就問一下他們的蘆筍怎麼賣，有時問個兩、三攤，價差就開始出現了，這時你就可以知道每攤的定價高低，再回頭過去仔細挑選。

跟老闆搏感情

我們年輕主婦雖然一臉很好騙的樣子，但別忘了比起歐巴桑，我們還是有比較高的顏值（怎麼淪落到要跟歐巴桑比顏值），跟老闆撒撒嬌，唉一聲說算便宜一點啦，很多時候還真的管用，雖然老闆都是一些歐吉桑，但能夠便宜個十塊錢，說起來還是很過癮的啊！

傳統市場必買

到傳統市場沒買到這些就太可惜了！

手工麵食

我特愛聞新鮮麵條的麵粉香，就像在麵店的味道，傳統市場賣的手工麵食新鮮、口感又好，一次可以多買一些冷凍起來，絕對比超市賣的好吃。

新鮮板豆腐

超市雖然有賣盒裝的板豆腐，但吃起來跟菜市場當日現做的就是不同，有機會的話千萬別錯過。吃不完的話，切塊放冷凍，就會變成凍豆腐，哪天要吃火鍋的時候就可丟進去煮。

當季蔬果

一個傳統市場裡面都會有好幾攤菜販，全部逛一圈，沒有什麼買不到！

傳統醃菜（菜脯等）

像是菜脯、酸白菜、雪菜這類，在傳統市場才會買到最道地的口味！

新鮮海鮮

菜市場可以買到新鮮捕獲的海鮮，種類繁多，還有泡在海水裡悠悠吐沙的蛤蠣，看了就覺得療癒。

不知如何挑選，可以跟魚販請教，像是請他們推薦適合乾煎或是清蒸的魚，他們都很會！海鮮可以多買，回家立刻分裝冷凍即可。

美味熟食（滷味）

菜市場會有一些攤販賣熟食，像是滷味、涼拌菜，或是白斬雞等，可以買一些作為當天的菜色，另外再弄個青菜跟湯就可以開飯，輕鬆許多。

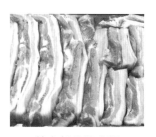

特定部位的肉類

無論雞豬牛羊，在菜市場都可以買到指定部位，分量也可以依需求切，能做的料理變化無窮，不用受限於超市的種類。

02

外 面 買 不 到 的 好 東 西
進 口 超 市 精 著 買

我所謂的進口超市,就是在百貨公司樓下那種賣高檔貨的地方,像是 City'super 或是 Jasons Market Place。進口超市的東西定價固然會比較貴些,但我們不是要去那邊買洋蔥、紅蘿蔔的毫嗎(是貴婦的話就另當別論),而是要買一些進口食材及調味料。

精挑細選,才會買到外面買不到的好東西,讓你能做出比別人更道地的異國料理。

進口超市必買

以下是我覺得特別值得在進口超市買的：

特殊醬料

日式或韓式烤肉醬、日式或西式沙拉醬、鹽麴、泰式打拋醬，這些都是讓料理瞬間加分的方便好物，在進口超市才有較多選擇，另外像是日式料理常用的味醂，我也會在進口超市購買日本品牌。

進口橄欖油

我特別會買的，是特級冷壓初榨橄欖油，因為這是會直接食用的（做成沙拉醬或是沾麵包等等），滋味好壞很重要，要用就買一罐好的。

厚切培根

一般超市不會賣厚切培根，但厚切培根拿來炒義大利麵、炒時蔬，或是在燉西式肉品時爆香用，都非常好用，我只要用完一定會補貨，買回家就冷凍，需要時切一些，是讓料理香氣瞬間加分的重要幫手。

番茄罐頭

我習慣在家備著全粒剝皮番茄罐頭及番茄糊，要燉煮番茄口味的料理（羅宋湯、番茄紅燒牛腩、義大利肉醬），加這種味道會更濃郁。

各式起司

雖然我本人不會買，但喜歡吃起司的人，到進口超市會覺得很好買。

味噌

進口超市的味噌品牌選擇會比較多。

料理香草、香料

像是羅勒、迷迭香、薄荷，甚至泰式料理會用到的檸檬草、香茅等，這類東西都要到進口超市才買得到。

特殊肉：燒肉片、里肌豬肉片、牛絞肉、雞絞肉

這些肉在一般超市比較少看到。燒肉片通常是切成方塊、帶有一點厚度，適合煎烤，我家一定會備一些，有時用烤肉醬醃一下就可煎，好吃又方便。里肌豬肉片特別是指拿來做日式炸豬排的；牛絞肉可做日式漢堡排或是義大利肉醬；雞絞肉可以做成雞肉丸。

進口蔬菜

畢竟人家飄洋過海過來，售價通常有點高昂，但有需要的時候還是可以買一下，有些料理少了它們就不太對勁。

櫛瓜是西式料理經常出現的食材，跟馬鈴薯一起做成烘蛋、當成義大利麵的配料，拿來烤或是乾煎都可以。

日本大蔥吃起來比較甜且多汁，做日式壽喜燒、日式串燒都用得上，也可以簡單切斜片跟肉一起炒。

日本大根，就是白蘿蔔，我覺得品質一般而言真的很好，吃起來很清甜，不像台灣的白蘿蔔若不在產季，買到的可能會有點乾癟、苦澀。若是要做關東煮、日式蘿蔔燉牛肉之類的料理，我就會花多一點錢買日本大根。

日式手工豆腐

進口超市一般會有手工豆腐的攤位，可以買到日本的木棉豆腐、日式豆皮或是新鮮豆漿。

義大利麵條

進口超市有非常多種選擇，煮義大利麵有時換換麵條，吃起來就很有新鮮感！

非 常 值 得 小 家 庭 購 買 的 食 材

Costco 量販店挑著買

沒生小孩前，對於去 Costco 買東西有點冷感，總覺得那裡賣的東西分量都過大，我就算省了點錢，卻要花許多心思煩惱如何收納，而且食材吃不完，東西要消耗太久，對小家庭而言不太合理。

但有個兒子後，我開始定期要去搬尿布補貨，漸漸地發現一些就算小家庭也非常值得購買的食材，以下是我的必買清單，缺了下次有去就補絕不囉嗦。

Costco 必買

以下是我覺得特別值得在 Costco 買的：

料理清酒

我做菜很愛用清酒，若是在一般超市買，小小一瓶就要兩三百元，隨便煮幾道就用完了，很心痛。Costco 有賣兩公升裝的清酒，才499元，我很常用的人都可以用超久。

XO 干貝醬

這我上一本書有介紹過，拿來拌青菜或是炒飯、炒麵都可以，不會辣，我懶得炒青菜時，就會蒸娃娃菜或是大白菜再挖一匙這個醬，超好吃。

韓式烤肉醬

這我上一本書也有介紹過，是忙碌時急著醃肉的好夥伴，鹹甜下飯。一次是賣二罐，一罐就很夠用了，最好跟朋友一人分一罐。

去骨雞腿排

是國產品牌卜蜂的，獨立的真空包，每小袋裡面會有2～3片去骨雞腿排，買回家直接囤在冷凍庫很方便，我除了燉湯會特別改用帶骨雞腿塊之外，絕大多數的雞肉料理都是使用這個。

鰹魚高湯包

這高湯包非常方便，是像茶袋一樣的小包裝，一包可以兌一小鍋的水，省去熬煮高湯的時間，湯頭已經有鹹，所以拿來做像鍋燒烏龍麵等的湯頭，完全不用調味，隨便再加一些蝦子、蛤蜊、青菜、蛋，吃起來比外面餐廳還好吃。而且重點是，Costco 很佛心的讓這個高湯包單包賣，一次買一包即可，裡面大概 20 小包。

藍莓

Costco 的藍莓價格跟品質絕對是很有競爭力的，當然還是要看每批貨的狀況，但絕大多數都很值得買。因為藍莓可冷凍，我通常一次買兩盒，趁新鮮吃一些，其他就放冷凍庫，之後隨時要做藍莓果醬就拿一批出來煮，沾鬆餅、土司、配優格、拌燕麥都行，我家的必備品。

黃檸檬

黃檸檬在一般超市零賣的售價很可怕，我買過一顆 35 元，在 Costco 一次買一袋回家放，其實很耐擺，我經常拿來做料理或是飲品。

草莓

若遇到產季，Costco 會賣進口草莓，運氣好的話會買到非常棒的品質，若有看到，可以去挑選一下。

進口綠蘆筍

這就是吃西餐很常吃到的那種粗蘆筍，吃起來比細蘆筍有口感 100 倍，非常多汁清脆好吃，雖然 Costco 賣的，不免俗會有點多，而且只能冰一星期左右，再久兩端會因為濕氣變得有點爛，不過我還是會買，因為台灣一般超市很少在賣，連在傳統超市都不太好找，必須把握機會。

買了一大包，我通常會跟鳳梨、肉片一起炒、做蘆筍蝦仁、炒義大利麵，或是直接用橄欖油煎，再灑上少許黑胡椒及海鹽，以我們家的情況，大概吃三頓會用掉，也不算太歹戲拖棚啦。

酪梨

我跟我老公都非常喜歡吃酪梨，特別是週末吃 Brunch 時，一般超市的酪梨不但貴，品質也不太穩定，我通常是買不下去，Costco 的酪梨就真的很棒，我每次去都會拿一袋回家。

一袋有五顆，說起來也是有點多，所以要挑還偏綠、有點硬的，比較耐擺。如果能在它剛好熟的時候，放進冰箱冷藏，再冰一個禮拜沒有問題。

我曾經誤殺過很多酪梨，不管是在它太年輕時就殺，或是它年老色衰時才殺，每次打開看到裡面狀態不對，我總是一陣咒罵，一直到最近，我才越來越能從外觀判斷是否熟到正好，誤殺率極低。

酪梨挑選 TIPS

我判斷的幾個依據：

✓ 外皮從深綠色轉成深棕色。

✓ 雖然轉成深棕色，但表皮仍大致光滑、飽滿，沒有皺掉，不會摸起來軟軟的（若又皺又軟，就代表有點太熟，要趕快殺掉，裡面若有部分黑掉，切掉就好。）

✓ 蒂頭周圍有點鬆動，但不至於整個一副要掉下來的樣子，若快掉下來，那也是太熟了。

以上三個條件全符合的話，我覺得會是最剛好的時機，可以直接吃，沒辦法吃的就冰冷藏。切記，要等熟了再冰才行，不要還生生的就冰進去，這樣之後拿出來再擺再等，都不好吃。若要催熟，可於前一天把酪梨跟蘋果或香蕉放入同一個紙袋，把開口向下捲起封住，這樣隔天通常就是可以吃的狀態。

04

讓 在 家 吃 飯 充 滿 品 味 與 享 受

跟著林姓主婦去逛小街買好物

以前林姓主婦就跟大多的女人一樣，很愛亂買衣服鞋子，忠孝東路走九遍（咳咳，一查竟然是16年前的歌我有沒有看錯）在我購物慾燃起的時候是很有可能發生的。

但現在是全職主婦，採買行頭對我而言變得越來越不重要，若週末能把兒子丟包給公婆幾小時，與其在百貨瞎逛，我還寧可找一家咖啡廳放空，給自己一點喘息的時間；與其買沒什麼機會穿的衣服，我還寧可買一些餐桌小物或是生活器皿，讓在家吃飯充滿品味與享受，如此心境轉變下，太過商業的區域對我吸引力慢慢減少，反而是能不經意發掘一些小店的寧靜巷弄，更讓我流連忘返。

在此特別分享我私下很愛走的散步路線跟愛店，我用的許多東西都是在以下店家購買，以後如果在那邊捕獲林姓主婦本人，就……就當沒看到好了（遮臉跑走）。

民生社區

林姓主婦年幼時期曾在民生社區住過幾年，國小前就搬走了，想當然爾我對
那時的記憶很片段，只大概記得我家住在一個公寓三樓，然後樓下有一家我
們很常光顧的永和豆漿。

離開民生社區後，我大概八百年沒再去過了吧，再怎麼說那邊不算主流的商
業區域，沒什麼非去不可的理由。一直到出社會後，有朋友揪我去富錦街上
的 Woolloomooloo，我本來還覺得得坐公車過去有點麻煩說，沒想到一到那
裡，我整個被富錦街的美與清幽給嚇傻了。

不像其他地區高樓林立，民生社區是以 30 ～ 40 年的老公寓為主，很多街道
有著成排的大樹，在那走著，我幼年的回憶依舊拼湊不出來，我甚至想不起
當年這些公寓還很新的時候，是怎樣的樣貌，但我很喜歡它在大城市中所散
發出來的難得慢活。

老公寓的一樓，開著一間又一間的咖啡廳、小餐館、麵包店，在這裡，時鐘好像被調變慢了些，店員不急不徐地招呼著客人，我想這要多虧捷運沒有蓋到這，雖然出入較不方便，卻也讓這裡的店家能夠維持恰到好處的忙碌，不像在市中心經常得大排長龍，令人煩躁。

去過一次，我便徹底愛上民生社區，後來嫁給我老公，剛好婆家也在不遠處，我有更多機會可以回去巡巡看看，享受那邊的悠然。

民生社區最有特色的街道，莫過於剛提到的富錦街，Woolloomooloo 是其中極具代表性的一家咖啡廳，至今仍是我最愛的 Brunch 店。近年 Fujin Tree 進駐，他們陸續在富錦街開了幾家風格生活店，讓那邊的日系氛圍頗為強烈，BEAMS、九州鬆餅在台灣的一店都選擇在那邊開幕，整條街逛下來，有種小日本的感覺。

另一個值得逛逛小區是延壽路，也有著許多可愛的咖啡廳及小店，其中我最常去 Afterhours，喝咖啡吃簡餐的同時，也逛逛他們的器皿，品項不多，但很是我的菜，命中率即高，我總是可以隨手帶個日式盤子或是碗回家。

以下是我的推薦店家，不過看完千萬不要手刀衝去民生社區卯起來逛，那邊是要給你慢慢晃、慢慢感受的。

 Woolloomooloo ｜ 咖啡廳
02-2546-8318
台北市松山區富錦街 95 號

 Fujin Tree 355 ｜ 服飾店、選品店
02- 2765-2705
台北市松山區富錦街 355 號

 放放堂 funfuntown ｜ 售北歐老件、雜貨選品
02-2766-5916
台北市松山區富錦街 359 巷 1 弄 2 號

 Cafe Showroom ｜ 咖啡廳、藝廊
02-2760-1155
台北市松山區富錦街 462 號

 Red Circle ｜ 咖啡廳
02-2765-6466
台北市松山區富錦街 464 號

 勺子 spoon goods & cafe ｜ 咖啡廳
02-2547-5996
台北市松山區民生東路四段 97 巷 4 弄 2-1 號

 樂樂咖啡 ｜ 咖啡廳
02-2769-0609
台北市松山區延壽街 129 號

 Afterhours Cafe ｜ 咖啡廳、販售日式生活用品
02-2756-5117
台北市松山區延壽街 117-1 號

 民生工寓 coffee essential ｜ 咖啡廳
02-8712-1220
台北市松山區民生東路四段 56 巷 1 弄 3 號

［ 迪化街周邊 ］

以前我對迪化街是完全不熟的，壓根沒想過要去。直到前公司一度考慮要搬去那一帶，老闆為了安撫我們不安的心（因為跟原本的位置差超遠der），特地帶我們過去場勘一番，才難得踏入。

老闆想租的辦公室附近，正是林豐益商行，那時剛結婚的我正對烹飪有著高度熱情，經過看到竹蒸籠覺得這像是個厲害的東西，先買先贏，後來它在我的廚房果然變成不得了的功臣。

前公司終究沒搬去迪化街，本來想說我跟迪化街的緣分大概就這樣了吧，沒想到還有竹蒸籠把我們攬牢牢，因為有天我的竹蒸籠竟然發霉長毛了（臉歪），勢必要再買，在好友的提點之下，才知道還可以順便去永樂市場購入一些好看的花布當拍照襯底道具，我們就約著一起去了。

以我的大嬸性格，買完東西就很想要去榕樹下吃黑白切喝青草茶，還好我朋友仍過著相當有品味的生活（因為她還沒生孩子 you know），帶我去吃孔雀歐亞料理餐酒館見識見識。

像我們這種天天在家帶小孩的歐巴桑，實在是很久沒有走進有風格的餐廳，那天整個露出劉姥姥逛大觀園的興奮貌，多虧了這家餐廳，讓我們的行程瞬間多了分格調，很有一種文青的 fu，而且人家東西是真的好吃哪，不是賣氣氛而已。

吃完之後，沿途就有許多咖啡廳、台灣傳統文藝用品店、台灣原創品牌、古早味小吃、南北雜貨，處處是驚喜，接著一路走到永樂市場買布，離開前再去佳興魚丸店外帶我超愛的福州魚丸，一個下午收穫滿滿，我實在想不到還有哪邊可以讓我一下當文青一下當大嬸。

在迪化街商圈可以深刻感受到新舊時代的融合，文創氣息在許多人的用心之下，巧妙走入古蹟房子的新生命，融合成全新的風貌，非常值得一去，絕對好吃好逛又好買。

迪化街推薦
小 店

 林豐益商行｜我的廚房利器竹蒸籠就是在這買的
📞 02-2557-8734
🏠 台北市大同區迪化街一段 214 號

 富自山中｜在地老店家，但有品牌化，逛起來很有特色
📞 02-2557-8605
🏠 台北市大同區迪化街一段 220 號

 永興農具工廠｜可以買到許多鑄鐵鍋具
📞 02-2553-6545
🏠 台北市大同區迪化街一段 288 號

 高建桶店｜也賣很多竹製品
📞 02-2557-3604
🏠 台北市大同區迪化街一段 204 號

 永樂市場｜可以挑到便宜又好看的布料
🏠 台北市大同區迪化街一段 21 號

 A Design & Life Project｜比較外圍一點的生活用品店
📞 02-2555-9908
🏠 台北市大同區南京西路 279 號

 佳興魚丸店｜我超愛他們的福州魚丸，超 Q
📞 02-2553-6470
🏠 台北市大同區延平北路二段 210 巷 21 號

 Peacock Bistro 孔雀歐亞料理餐酒館｜無國界料理
📞 02-2557-9629
🏠 台北市大同區迪化街一段 197 號

 鹹花生 Salt Peanuts｜咖啡廳
📞 02-2557-8679
🏠 台北市大同區迪化街 1 段 197 號

 爐鍋咖啡@小藝埕｜咖啡廳
📞 02-2555-8225
🏠 台北市大同區迪化街一段 32 巷 1 號 2 樓

[中山區周邊]

結婚前我住北投，經常跟朋友約在中山區吃吃喝喝，那邊是很繁華熱鬧的都會商業區，百貨、精品服飾店、餐廳、居酒屋應有盡有。不過若往赤峰街的巷弄走，會發現許多可愛的小店，形成跟大馬路上截然不同的氛圍。

最知名的就是小器開的一系列店家。小器生活道具公園店販售眾多日本餐廚用品，走進這家店就足以讓荷包破。逛完覺得錢花得不夠多，還有小器赤峰 28 可以噴血，裡面除了有我最愛的 Studio M' 專賣區，品項齊全，也有一些植物及雜貨飾品。失心瘋完想要壓壓驚，可以去附近的小器食堂，吃點日本家庭料理冷靜一下，如果還覺得驚魂未定，乾脆去小器梅酒屋買瓶酒回家喝，靠酒精忘卻一路上亂買了多少東西好惹。

中山區推薦 小店

小器生活道具（公園店）｜生活道具
📞 02-2552-7039
🏠 台北市大同區赤峰街 29 號

小器赤峰 28｜生活道具
📞 02-2555-6969
🏠 台北市大同區赤峰街 28 之 3 號

小器食堂｜日式餐廳
📞 02-2559-6851
🏠 台北市大同區赤峰街 27 號

小器梅酒屋｜日本果實酒的專賣店
📞 02-2559-6852
🏠 台北市大同區赤峰街 17 巷 7 號

小器藝廊｜日常生活用品的展覽空間
📞 02-2559-9260
🏠 台北市大同區赤峰街 17 巷 4 號

Everyday ware & co｜選品店
📞 02-2523-7224
🏠 台北市中山區中山北路二段 20 巷 25 號

心地日常（台北店）｜酒釀甜點、生活選物
📞 02-2558-8695
🏠 台北市大同區赤峰街 49 巷 6 號 1 樓

Natural Kitchen（中山店）｜日本生活雜貨
📞 02-2556-2338
🏠 台北市大同區赤峰街 3 巷 28 號 1 樓

網路店家

雖然我把這些路線洋洋灑灑寫出來，但其實生了孩子之後，我很少有機會能像從前那樣慢慢逛，跟大多數的媽媽一樣，我也練就了深夜在網路上一個腦波弱就猛下單的功力，信用卡號倒背如流，可說「主婦不出門，能買天下物」。

以下四家網路平台、商店，就夠你逛了，真的想花錢到抖腳，就上去逛逛，發洩一下吧。

網路店家推薦 小 店

Pinkoi 設計品網路平台｜有眾多國內外設計用品，什麼都找得到
www.pinkoi.com

瑪黑家居｜進口代理歐美、日本知名餐櫥及設計用品
www.storemarais.com

小器生活｜小器的網路商城，去不成店裡，在這裡一樣好買
thexiaoqi.com

Crate and Barrel｜美國很有名的居家品牌，家裡會用到的東西都可能在那邊找得到
www.crateandbarrel.com.tw

致

每個在自我與媽媽角色間掙扎、
尋求平衡的女人

不知不覺，我也當全職媽媽兩年多了。想當初，我並不是個非要生孩子不可的女人，直到婚後兩三年，我才慢慢接受自己可能到了當媽的人生階段，而且女人的生理時鐘每天在耳邊滴滴答答很逼人，在一種半推半就的心情下，順利懷孕。

當時的我，有著一份很熱愛的工作，覺得就算生了孩子，也一定要回去，新世代的女人不能只為了家庭打轉，我信誓旦旦對自己說。生產前我請了半年育嬰假，打算把母乳餵到一個段落，就把兒子送托嬰中心，返回職場。

但女人，總是要等實際與孩子相處後，才會感受到自己是個怎樣的母親，看著懷裡的兒子，我有著強烈為人母的自覺，於是我育嬰假一延再延，直到兩年大限到了，終於意識到自己對於育兒的投入感已放不掉，才跟公司辭職，全心回歸家庭。

當我徹底變成全職媽媽後，不可否認我的內心仍會出現許多疑問：「我的人生，跟舊時代的婦女有什麼兩樣？為了兒子放棄工作，我讓爸媽失望了吧？」，如何在媽媽角色與自我認同之間，找到理想的平衡，隱約困擾著我。

我們這一輩的女性，從小受到的教育不會比男性少，進入職場的表現不會比男性差，父母對我們的期待，也不會跟家中男性有什麼不同。但遇到生兒育女這件事，無論心理或是生理上，我們卻很自然地承受比男性更多的責任與壓力，我們念了再多書，工作時表現再傑出，一旦成為母親，孩子就變成我們心頭割捨不掉的肉，牽絆著我們做的每一個決定，這就是母性，無論時代如何變遷，都不會有太大的改變。

掙扎要不要辭職的那兩年，過程中坦白說內心是很孤獨的，因為沒有人會比你清楚，對孩子的情感，但也沒有人知道，對於在職場上保有一片小天地的自己，有多少眷戀，更沒有人比你更明白，放棄工作之後，當孩子大了，我們還剩下些什麼不安與恐懼。因為沒人真的懂你內心的糾葛，所以沒人能幫你決定，你只能在轟轟不停的雜音之中，靜下心來找到屬於自己的答案，然後勇於承受相對的後果。

如果你才剛成為母親，正在經歷這個痛苦的抉擇，我幫不上什麼忙，但可以跟你說，現在的我，心已坦然，當被兒子盧到快起肖時，我依舊不會後悔當初做的決定。因為我知道，不是他逼我放棄工作當全職媽媽的，是我捨不得錯過他的成長，選擇留下。

「這是為了我自己所做的決定，我想享受當媽媽的過程，往後的人生即使回不到同樣的軌道，相信我會找出新的路」，若你傾向當全職媽媽，希望這會是你在轟轟不停的雜音之中，聽到最清楚的一個聲音。

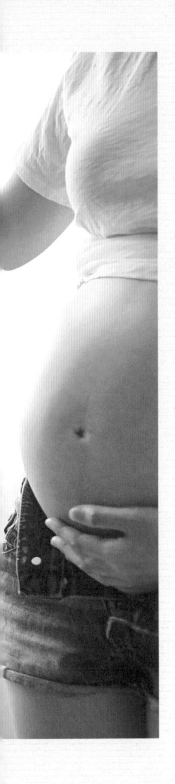

For my boy /

致
我的兒子

籌備這本書時，兒子兩歲多，到截稿的此刻，2y7m 大。

從出上一本書到現在，短短一年內，他瞬間進化成可以跟我溝通、明確表達自己想法的小大人，兩歲出頭那種為了小事大哭大鬧的次數減少了，我能跟他講一些簡單的道理，他也點頭理解著，小小的他似乎努力想當個善解人意的孩子。

那天我們倆在家，我突然覺得頭痛，隨口問他：「媽媽頭好痛，要不要吃個藥啊？」，他說：「不用啦，我煮湯給你喝，喝了就好了。」接著煞有其事用他辦家家酒的玩具，幫我煮了一鍋湯，餵我喝好幾口，還問我有沒有好一點。雖然沒真的喝到湯，但媽媽真的覺得頭不痛了。

兒子，你是我的小太陽，我總是繞著你打轉，但你照亮了我的生活，給我好多溫暖，這輩子最幸運的事，就是能做你的媽媽。

Index 食譜分類索引

親子共享

快速料理

事先做好也可以

國家圖書館出版品預行編目資料

林姓主婦的家務事 2：盤腿坐浮雲的快活主婦之道 /
林姓主婦著 . -- 臺北市：三采文化 , 2017.09
　　面；　　公分 . -- (好日好食；38)
ISBN 978-986-342-892-3(平裝)

1. 食譜 2. 烹飪

427.1　　　　　　　　　　106014635

特別感謝： c!ty'super

好日好食 038

林姓主婦家務事 2：
盤腿坐浮雲的快活主婦之道

作者｜ 林姓主婦
副總編輯｜ 鄭微宣　　責任編輯｜ 劉汝雯
美術主編｜ 藍秀婷　　封面設計｜ 池婉珊　　內頁排版｜ 陳育彤
食譜料理攝影｜ 林姓主婦　　人物攝影｜ 陳怡絜　　情境攝影｜ 林子茗
專案經理｜ 張育珊　　行銷企劃｜ 周傳雅

發行人｜ 張輝明　　總編輯｜ 曾雅青　　發行所｜ 三采文化股份有限公司
地址｜ 台北市內湖區瑞光路 513 巷 33 號 8 樓
傳訊｜ TEL:8797-1234　FAX:8797-1688　　網址｜ www.suncolor.com.tw
郵政劃撥｜ 帳號：14319060　　戶名：三采文化股份有限公司
初版發行｜ 2017 年 9 月 29 日　　定價｜ NT$360
　　4 刷｜ 2019 年 10 月 15 日